《肉牛养殖实用技术问答》
编 委 会

肉牛养殖
实用技术问答

李生虎 李世满 杨 刚◎主编

ROUNIU YANGZHI
SHIYONG JISHU WENDA

黄河出版传媒集团
阳 光 出 版 社

图书在版编目（CIP）数据

肉牛养殖实用技术问答 / 李生虎，李世满，杨刚主编. -- 银川：阳光出版社，2023.8
ISBN 978-7-5525-6952-0

Ⅰ.①肉… Ⅱ.①李… ②李… ③杨… Ⅲ.①肉牛 - 饲养管理 - 问题解答 Ⅳ.①S823.9-44

中国国家版本馆CIP数据核字（2023）第149456号

肉牛养殖实用技术问答　　　　　　　李生虎　李世满　杨　刚　主编

责任编辑　马　晖
封面设计　石　磊
责任印制　岳建宁

黄河出版传媒集团
阳　光　出　版　社　出版发行

出 版 人　薛文斌
地　　址　宁夏银川市北京东路139号出版大厦（750001）
网　　址　http：//www.ygchbs.com
网上书店　http：//shop129132959.taobao.com
电子信箱　yangguangchubanshe@163.com
邮购电话　0951-5047283
经　　销　全国新华书店
印刷装订　宁夏银报智能印刷科技有限公司
印刷委托书号　（宁）0026799

开　　本　787mm×1092mm　1/32
印　　张　3.5
字　　数　100千字
版　　次　2023年8月第1版
印　　次　2023年8月第1版印刷
书　　号　ISBN 978-7-5525-6952-0
定　　价　48.00元

目　录

养牛三字经

人与牛,感情深;搞畜牧,能致富。
农作物,经转化;良循环,可持续。
节粮型,潜力大;讲科学,赚钱多。

要养牛,先种草;草料广,有保障。
选场地,宜高燥;道路平,水源好;
防风沙,搞绿化;政策好,种牧草。
首蓿草,营养好;现蕾期,蛋白高。
种玉米,成本低;搞青贮,蜡熟期。
一方草,一千斤;养多少,计算好。

引良种,要慎重;查档案,知详情。
头要方,臀要圆;毛宜红,蹄粗健。
前躯厚,腰背宽;脖颈粗,掉肉垂。
调运前,先检疫;消好毒,办手续。
到当地,先隔离;做记录,要详细。
好品种,要良养;杂交后,优势强。
搞冷配,效果好;自繁养,应提倡。

不去势,生长快;防抵角,应拴牢。

基础牛,看体况;种公牛,不能胖。
母牛好,受胎高;产犊好,返情早。
养母牛,三阶段;勤操劳,是法宝。
配种期,好饲养;体健康,早配上。
妊娠期,加营养;蛋白高,体质好。
多维全,钙镁足;胎儿期,发育好。
哺乳期,高营养;奶水旺,犊牛壮。
哺乳牛,要恢复;体况好,配种早。
青粗料,备充足;精饲料,适当少。
量体尺,建档卡;强欺弱,应分群;
群体好,信心高;抓管理,很重要。

新生犊,要疼爱;细管护,长得快。
喂初乳,定要早;防疾病,成活好。
牛犊小,胃液少;防腹泻,考虑到。
初乳足,促分泌;排胎粪,抑病菌。
七天后,吃常乳;开食早,胃肠好。
代乳料,有帮助;按时喂,把握好。
二十天,加精料;块根类,拌着喂。
抗生素,适量加;防拉稀,助消化。
青贮料,准备好;六十天,奶断掉。

小牛犊,很活泼;晒太阳,勤抚摸。

到冬季,天气寒;防贼风,要保暖。
精粗料,要搭配;多维料,不能少。
转群前,先接种;育肥时,要驱虫。
先试验,后全群;有经验,再进行。
精料方,要平衡;随阶段,常调整。
草细短,宜柔软;投料少,要勤添。
槽扫净,拌均匀;水常清,宜常温。
日三勤,喂饮歇;知饱力,冷热饥。
日六净,草料水,槽体圈。

夏防暑,冬防寒;临产期,进产房。
铺垫草,洗乳房;常按摩,产乳多。
热配期,卅七天;受胎高,注意到。
妊娠期,防猛跑;冰水草,切忌掉。
学养牛,学疾病;多关注,高效养。
勤刷拭,要修蹄;多活动,很适宜。

1. 我国优良地方黄牛品种主要包括哪些品种?

答: 有秦川牛、南阳牛、鲁西黄牛、晋南牛、延边牛。

秦川牛历史悠久,公元前八世纪,古籍中就有关中地区"择良牛献主"的记载。秦川牛是中国优良的黄牛地方品种,是中国著名的大型役肉兼用品种牛,是中国五大黄牛品种之一。

产地:因产于陕西省关中地区的"八百里秦川"而得名。其中渭南、临潼、蒲城、富平、大荔、咸阳、兴平、乾县、礼泉、泾阳、三原、高陵、武功、扶风、岐山等县、市为主产区。

外貌特征:秦川牛毛色以紫红色和红色居多, 约占总数的80%,黄色较少。头部方正,鼻镜呈肉红色,角短,呈肉色,多为向外或向后稍弯曲;体型大,各部位发育均衡,骨骼粗壮,肌肉丰满,体质强健;肩长而斜,前躯发育良好,胸部深宽,肋长而开张,背腰平直宽广,长短适中,荐骨部稍隆起,一般多是斜尻;四肢粗壮结实,前肢间距较宽,后肢飞节靠近,蹄呈圆形,蹄叉紧、蹄质硬,绝大部分为红色。

生产性能:秦川牛肉用性能良好。成年公牛体重 600~800 kg。易

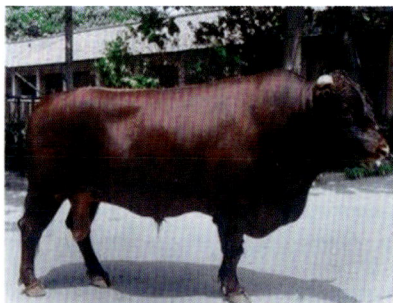
秦川牛公牛

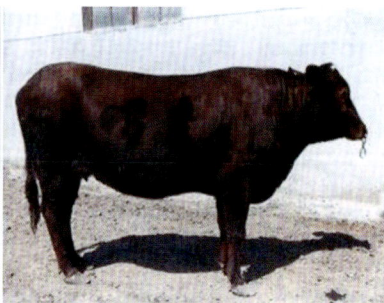
秦川牛母牛

于育肥,肉质细致,瘦肉率高,大理石纹明显。18月龄育肥牛平均日增重为550 g(母)或700 g(公),平均屠宰率达58.3%,净肉率为50.5%。初情期为9.3月龄。成年母牛发情周期为20.9 d,发情持续期平均为39.4 h。妊娠期为285 d,产后第一次发情约53 d。

改良方向:该品种牛主要向肉用方向改良,用该品种与中国本地牛杂交来改良黄牛,取得了明显效果。表现为杂后代体格明显加大,增长速度加快,杂种优势明显。同时可作为奶牛胚胎移植的优良受体。

南阳牛

南阳牛是中国著名的大型役用型地方黄牛品种,是中国五大黄牛品种之一。

产地:主要分布于河南省南阳市唐河、白河流域的广大平原地区。

外貌特征:南阳黄牛的毛色有黄、红、草白3种,以深浅不等的黄色为最多,占80%,红色、草白色较少。一般牛的面部、腹下和四肢下部毛色较浅,鼻颈多为肉红色,其中部分带有黑点,鼻黏膜多数为浅红色。蹄壳以黄蜡色、琥珀色带血筋者为多。体型高大,皮薄毛细,肌肉发达,肩峰较高,肩部宽厚,胸骨突出,背腰平直,肢势正直,蹄形圆大,行动敏捷。

南阳牛公牛　　　　　　　　　　南阳牛母牛

生产性能:南阳牛用于肉牛生产表现良好,平均日增重公牛为813 g,屠宰率为55.6%,净肉率为46.6%。母牛的初情期是8~12月龄,2岁开始配种,繁殖能力最强的年龄是3~6岁,繁殖率为65%~85%,年产一犊或三年产二犊,一生产犊10头左右,妊娠期为250~308 d。

鲁西黄牛

鲁西黄牛亦称"山东牛",为役肉兼用型品种。以优质育肥性能著称,其体躯高大,结构匀称,健壮威武,肉用价值高,闻名海内外,是中国五大黄牛品种之一。

产地:原产山东西南地区,主要产于山东省西南部的菏泽和济宁,北自黄河,南至黄河故道,东至运河两岸的三角地带。

外貌特征:鲁西黄牛被毛从浅黄到棕红,以黄色居多,鼻与皮肤均为肉红色,部分有黑色斑点。多数牛具有完全不完全的"三粉"特征,即眼圈、口轮、腹下为粉白色;公牛角型多为"倒八字角"或"扁担角",母牛角型以"龙门角"较多。公牛头短而宽,前躯发达,颈部短粗壮,肉垂明显,肩峰高大,胸深而宽,四肢粗壮;母牛颈部较长,背腰平直,四肢强健,蹄多为琥珀色,尾细长呈纺锤形。

生产性能:鲁西黄牛成年牛平均屠宰率58.1%,净肉率为50.7%,

鲁西黄牛公牛　　　　　　　　　　鲁西黄牛母牛

肌纤维细,肉质良好,脂肪分布均匀,大理石状花纹明显。母牛性成熟早,有的牛8月龄即能受配怀胎,一般10~12月龄开始发情,发情周期平均为22(16~35)d,发情持续期为2~3 d,发情开始后21~30 h配种,受胎率较高。母牛初配年龄多在1.5~2周岁,终生可产犊7~8头,最高可达15头,妊娠期为285(270~310)d。

晋南牛

晋南牛是中国著名的役肉兼用型地方黄牛品种,是中国五大黄牛品种之一。

产地:山西省西南部汾河下游的晋南盆地,包括运城地区的万荣、河津、临猗、永济、运城以及临汾地区的侯马、坤远、襄汾等县、市。

外貌特征:晋南牛体躯高大结实,具有役用牛体型外貌特征。公牛头中等长,额宽,顺风角,颈较粗而短,垂皮比较发达,前胸宽阔,肩峰不明显,臀端较窄;蹄大而圆,质地致密;母牛头部清秀,乳房发育较差,乳头较细小。毛色以枣红为主,鼻镜粉红色,蹄趾亦多呈粉红色。

生产性能:晋南牛肌肉丰满、肉质细嫩,成年牛在一般育肥条件下日增重可达851 g(最高日增重可达1.13 kg)。成年体重公牛700 kg以上,母牛400 kg以上。在营养丰富的条件下,12~24月龄公牛日增

晋南牛公牛

晋南牛母牛

重 1.0 kg, 母牛日增重 0.8 kg。24 月龄公牛屠宰率为 55%~60%, 净肉率为 45%~50%。母牛一般 7~10 月龄开始发情, 2 岁左右可配种利用, 产犊间隔 14~18 个月, 终生产犊 7~9 头, 最高纪录活到 25 岁, 终生繁殖 18 胎。

改良方向: 目前主要向肉用方向改良, 也可作为奶牛胚胎移植的优良受体。

延边牛

延边牛是东北地区优良地方牛种之一。该牛属寒温带山区的役肉兼用品种, 是朝鲜与本地牛长期杂交的结果, 也混有蒙古牛的血液, 是中国五大黄牛品种之一。

产地: 主要产于吉林省延边朝鲜族自治州的延吉、和龙、汪清、珲春及毗邻各县, 分布于吉林、辽宁、黑龙江等省。

外貌特征: 延边牛体质结实, 适应性强。胸部深宽, 骨骼坚实, 被毛长而密, 皮厚而有弹力。公牛头方额宽, 角基粗大, 多向外后方伸展成一字形或倒八字角, 颈厚而隆起, 肌肉发达。母牛头大小适中, 角细而长, 多为龙门角, 乳房发育较好。毛色多呈浓淡不同的黄色, 黄色占 74.8%, 浓黄色占 16.3%, 淡黄色占 6.79%, 其他毛色占 2.2%。鼻镜一般呈淡褐色, 带有黑斑点。

延边牛公牛

延边牛母牛

生产性能:延边牛自 18 月龄育肥 6 个月,日增重为 813 g,胴体重为 265.8 kg,屠宰率为 57.7%,净肉率为 47.23%,肉质柔嫩多汁,鲜美适口,大理石纹明显。母牛初情期为 8~9 月龄,性成熟期平均为 13 月龄;公牛平均为 14 月龄。母牛发情周期平均为 20.5 d,发情持续期为 12~36 h,平均为 20 h。7~8 月份为旺季,常规初配时间为 20~24 月龄。

2. 我国引进的肉牛品种主要有哪些品种?

答:有利木赞牛、夏洛莱牛、西门塔尔牛、安格斯牛、日本和牛、皮埃蒙特牛。

利木赞牛属于专门化的大型肉牛品种,分布于世界许多国家,以生产优质肉块比重大而著称。

产地:原产于法国中部的利木赞高原,并因此得名。

外貌特征:利木赞牛毛色为红色或黄色,口、鼻、眼田周围、四肢内侧及尾帚毛色较浅,角为白色,蹄为红褐色。头较短小,额宽,胸部宽深,体躯较长,后躯肌肉丰满,四肢粗短。平均成年体重公牛为 1200 kg,母牛为 600 kg。

生产性能:利木赞牛产肉性能高,胴体质量好,眼肌面积大,前

利木赞牛公牛　　　　　　　　利木赞牛母牛

后肢肌肉丰满,出肉率高,在肉牛市场上很有竞争力。集约饲养条件下,犊牛断奶后生长很快,10月龄体重即达408 kg,12月龄体重可达480 kg左右,哺乳期平均日增重为0.86~1.30 kg。该牛在幼龄期,8月龄小牛就可生产出具有大理石纹的牛肉。利木赞牛体格大、生长快、肌肉多、脂肪少,腿部肌肉发达,体躯呈圆筒状、脂肪少。早期生长速度快,并以产肉性能高,胴体瘦肉多而出名。肉品等级明显高于普通牛肉,肉色鲜红、纹理细致、富有弹性,大理石花纹适中,脂肪色泽为白色或带淡黄色,胴体体表脂肪覆盖率为100%,普通的牛很难达到这个标准。是杂交利用或改良地方品种时的优秀父本。

夏洛莱牛

夏洛莱牛是举世闻名的大型肉牛品种,自育成以来就以其生长快、肉量多、体型大、耐粗放而受到国际市场的广泛欢迎,早已输往世界许多国家。

产地:原产于法国中西部到东南部的夏洛莱省和涅夫勒地区。

外貌特征:夏洛莱牛最显著的特点是被毛为白色或乳白色,皮肤常有色斑;全身肌肉特别发达;骨骼结实,四肢强壮。夏洛莱牛头小而宽,角圆而较长,并向前方伸展,角质蜡黄。颈粗短,胸宽深,肋骨方圆,背宽肉厚,体躯呈圆筒状,肌肉丰满,后臀肌肉很发达,并向后和侧面突出,常形成"双肌"特征。成年活重公牛平均为1100~1200 kg,母牛为700~800 kg。

生产性能:生长速度快,瘦肉产量高。在良好的饲养条件下,6月龄公犊可达250 kg,母犊达210 kg,日增重可达1400 g。产肉性能好,屠宰率一般为60%~70%,胴体瘦肉率为80%~85%。16月龄的育肥母牛胴体重达418 kg,屠宰率为66.3%。夏洛莱母牛泌乳量较

夏洛莱牛公牛

夏洛莱牛母牛

高,一个泌乳期可产奶 2000 kg,乳脂率为 4.0%~4.7%,但该牛纯种繁殖时难产率较高(13.7%)。我国引进的夏洛莱牛分布在东北、西北和南方部分地区,用该品种与我国本地牛杂交来改良黄牛取得了明显效果。表现为杂交后代体格明显加大,增长速度加快,杂种优势明显。

西门塔尔牛

西门塔尔牛是乳、肉、役兼用的大型品种,被畜牧界称为全能牛。中国西门塔尔牛由于培育地点的生态环境不同,分为平原、草原、山区三个类群,各类群核心群种牛遗传基础已达到遗传同质化水平,成为我国牛肉生产重要利用品种。

产地:原产于瑞士阿尔卑斯山区,主要产地为西门塔尔平原和萨能平原。在法、德、奥等国边邻地区也有分布。现已分布到很多国家,成为世界上分布最广、数量最多的乳、肉、役兼用品种之一。世界上许多国家也都引进西门塔尔牛在本国选育或培育,育成了自己的西门塔尔牛,并冠以该国国名而命名。

外貌特征:西门塔尔牛毛色为黄白花或淡红白花,头、胸、腹下、四肢及尾帚多为白色,皮肤为粉红色,头较长,面宽;角较细而向外上方弯曲,尖端稍向上。颈长中等;体躯长,呈圆筒状,肌肉丰满;前

西门塔尔牛公牛

西门塔尔牛母牛

躯较后躯发育好,胸深,尻宽平,四肢结实,大腿肌肉发达;乳房发育好,成年公牛体重平均为 800~1200 kg,母牛为 650~800 kg。

生产性能:西门塔尔牛成年母牛难产率低,适应性强,耐粗放管理。乳、肉用性能均较好, 平均产奶量为 4070 kg,乳脂率为 3.9%。体格大、生长快,均日增重可达 1.35 kg 以上,生长速度与其他大型肉用品种相近。胴体肉多,脂肪少而分布均匀,腿部肌肉发达,体躯呈圆筒状、脂肪少。早期生长速度快,并以产肉性能高、胴体瘦肉多而出名。公牛育肥后屠宰率可达 65%左右,具有典型的肉用性能。不同品种的牛,在体格、体型方面是不同的,这使牛的生长率、产肉量和胴体组成方面表现出较大差异。西门塔尔牛改良各地的黄牛,都取得了比较理想的效果,是杂交利用或改良地方品种时的优良父本。

安格斯牛

安格斯牛以被毛黑色和无角为其重要特征,故也称其为无角黑牛,在美国也有经过选育育成红色安格斯品种。具有现代肉牛的典型体型,安格斯牛可谓是世界三大肉牛中,从选种到养殖、宰杀、储藏都最讲究的牛。

产地:原产于苏格兰东北部的阿伯丁、安格斯、班芙和金卡丁等郡,并因此得名。与英国的卷毛加罗韦牛亲缘关系密切,目前分布于世界各地。

外貌特征:黑色安格斯牛以被毛黑色和无角为其重要特征,红色安格斯牛被毛红色,与黑色安格斯牛在体躯结构和生产性能方面没有大的差异。安格斯牛体型较小,体躯低矮,体质紧凑、结实。头小而方正,头额部宽而额顶突起,眼圆大而明亮,灵活有神。嘴宽阔,口裂较深,上下唇整齐,鼻梁正直,鼻孔较大,鼻镜较宽,颜色为黑色。颈中等长且较厚,垂皮明显,背线平直,腰荐丰满,体躯宽深,呈圆筒状,四肢短而直,且两前肢、两后肢间距均较宽,体形呈长方形。全身肌肉丰满,体躯平滑丰润,腰和尻部肌肉发达,大腿肌肉延伸到飞节。皮肤松软,富弹性,被毛光亮滋润。安格斯牛成年公牛平均活重为 700~900 kg,高的可达 1000 kg,母牛为 500~600 kg。

生产性能:安格斯牛肉用性能良好,表现早熟易肥、饲料转化率高,被认为是世界上各种专门化肉用品种中肉质最优秀的品种。安格斯牛胴体品质好,净肉率高,大理石花纹明显,屠宰率为 60%~65%。肉嫩度和风味很好,是世界上唯一一种用品种名称作为品牌名称的肉牛品种。母牛 12 月龄性成熟;发育良好的安格斯牛可在 13~14 月龄初配。头胎产犊年龄为 2.0~2.5 岁,产犊间隔一般 12 个月左

安格斯牛公牛

安格斯牛母牛

右,产犊间隔在 10~14 个月的占 87%。发情周期为 20 d 左右,发情持续期平均为 21 h,妊娠期为 280 d 左右。母牛连产性好、长寿,可利用到 17~18 岁。安格斯牛体型较小,初生重轻,极少出现难产。

日本和牛

日本和牛是当今世界公认的品质最优秀的良种肉牛,其肉大理石花纹明显,又称"雪花肉"。由于日本和牛的肉多汁细嫩、风味独特、肌肉脂肪中饱和脂肪酸含量很低、营养价值极高,因而在日本被视为"国宝",在西欧市场极其昂贵。

产地:日本。

外貌特征:和牛的品种定义很严格,目前有 4 种被认定为和牛,分别是黑毛和牛、褐毛和牛、无角和牛和日本短角种,其中黑毛和牛占了 9 成。日本黑毛和牛以黑色为主毛色,在乳房和腹壁有白斑。成年母牛体重约为 620 kg,公牛约为 950 kg。是日本从 1956 年起改良牛中最成功的品种之一,其是从雷天号西门塔尔种公牛的改良后裔中选育而成。

生产性能:日本黑毛和牛作为日本肉牛专用品种,肉质特别,其大理石样花纹为世界第一,和牛肉也是世界上最贵的牛肉,以其肉质鲜嫩、营养丰富、适口性好驰名于世,是珍贵的遗传资源。

日本黑毛和牛公牛

日本黑毛和牛母牛

繁殖母牛体重为 465 kg,体高为 130 cm。去势育肥牛育肥开始时,9.5 月龄体重为 290 kg,育肥结束时,30 月龄体重为 695 kg,日平均增重 0.65 kg。

皮埃蒙特牛

皮埃蒙特牛原为役用牛,经长期选育,现已成为生产性能优良的专门化品种,因其具有双肌肉基因,是目前国际公认的终端父本,已被世界 20 多个国家引进,用于杂交改良。我国现在 10 余个省、市推广应用。

产地:原产于意大利。

外貌特征:皮埃蒙特牛为肉乳兼用品种,被毛白晕色。公牛在性成熟时颈部、眼圈和四肢下部为黑色。母牛为全白,有的个别眼圈、耳廓四周为黑色。角型为平出微前弯,角尖黑色。体型较大,体躯呈圆筒状,肌肉高度发达。

生产性能:肉用性能十分突出,其育肥平均日增重 1500 g(1360~1657 g),生长速度为肉用品种之首。公牛屠宰适期为 550~600 kg 活重, 一般在 15~18 月龄即可达到此值。母牛 14~15 月龄体重可达 400~450 kg。肉质细嫩,屠宰率(平均为 66%)与瘦肉率(84.13%)特别高,比较适合国际牛肉消费市场的需求。

皮埃蒙特牛公牛　　　　　　皮埃蒙特牛母牛

3. 肉牛养殖品种怎样挑选?

答:肉牛养殖不仅饲养管理技术要过关,肉牛品种的选择也很重要。肉牛养殖的选择方法具体应遵循适宜性、适时性、适用性、适应性四项原则。

(1)适宜性原则:按照区域特点选择肉牛品种,我国的肉牛品种生产具有明显的区域性特点,这与区域的资源、市场、区位、产业基础相适应。

(2)适时性原则:按照市场要求选择肉牛品种,肉牛养殖直接面向市场,养殖户应密切关注市场行情,将市场需求作为品种结构调整的参考依据。市场的需求就是最佳的商机,市场需求什么样的牛肉产品,养殖户就要考虑选择什么样的肉牛品种。不合时宜的产品肯定不会有通畅的销路。

(3)适用性原则:按照经济效益选择肉牛品种,还需考虑该品种是否具有市场优势,不具备市场优势的品种,产品价格低且销量有限,养殖效益不高。即使在品种确定的前提下,也应综合考虑个体是否具有杂种优势、性别优势和外貌优势。各种优势都具备的品种或个体具有最大的适用性,是养殖户最佳的选择。

(4)适应性原则:按照资源条件选择肉牛品种,在适应大环境、大市场需求的同时,养殖肉牛还必须与当地局部的自然资源和环境条件相适应。如果当地自然环境条件与引入地差距太大,肉牛无法适应,就根本谈不上经济效益。

4. 宁夏地区适宜养哪种肉牛品种?

答:选择好用于育肥的品种,可以提高肉牛养殖的经济效益。在品种的选择上要注意选择优良的品种,因我国本地牛的特点是适应力强、肉的风味好,但是生长速度慢,出栏体重较小,产肉率低。国外的一些肉牛品种的体型较大、产肉率高、生长速度快,但是饲养条件要求高、耐粗饲性差。因此,要想达到良好的育肥效果,提高育肥的经济效益,多选择外来优良的品种来与我国本地品种进行杂交,以获得杂交后代进行育肥。一般所得的杂交合有双方父母代的优点,出肉率高,生长速度快,体型较大,更易于育肥。我国北方多选择的国外优良的肉牛品种主要有西门塔尔、夏洛莱和利木赞等。利用以上品种与本地牛进行二元或三元杂交后,得到的杂交一代、二代牛用来育肥,可以获得较好的育肥效果。适宜选择的国内品种主要是秦川牛。

5. 为什么要进行黄牛改良?

答: 肉牛生产中所谓的黄牛改良是用肉用牛或肉乳兼用牛与本地黄牛杂交生产肉用牛的方法。黄牛改良目的在于使杂交后代保留黄牛对当地自然条件的适应性、抗病力、耐粗饲的特点;吸收外来品种牛体躯高大、增重快、饲料利用率高、产肉性能好等优点,并可得到杂种优势,繁殖生产性能好的后代,提高牛群的质量,增强牛产品的市场竞争能力,从而提高养牛业的经济效益和社会效益。经品种改良的牛体型好, 生长速度快, 养殖收入是同期饲养本地牛的 2~3 倍,能显著提高养殖的经济效益。

十几年黄牛改良实践表明,用西门塔尔、夏洛莱、利木赞、海福特、安格斯、皮埃蒙特牛与本地黄牛进行两品种杂交、多元杂交和级进杂交等,所得杂种后代的肉用性能都得到显著改善,改良初期都获得良好效果。以西门塔尔牛、夏洛莱牛做父本,并以多元杂交方式进行本地黄牛改良效果好。

6. 肉牛杂交改良应该注意几个问题？

答：根据我国多年来黄牛改良的实际情况，为进一步达到预期的改良效果，必须注意以下问题：

（1）为小型母牛选择种公牛进行配对时，种公牛的体重不宜太大，防止发生难产现象。一般要求两品种的成年牛的平均体重差异，种公牛不超过母牛体重的30%~40%为宜。

（2）大型品种公牛与中、小型品种母牛杂交时，母牛不选初配者，而需选经产牛，降低难产率。

（3）要防止1头改良品种公牛的冷冻精液在一个地方使用过久（3~4年以上），防止近交。

（4）对杂种牛的优劣评价要有科学态度，特别应注意杂种小牛的营养水平对其的影响。良种牛需要较高的日粮营养水平以及科学的饲养管理方法，才能取得良好的改良效果。

7. 优质肉牛品种的外貌标准是什么？

答：肉用牛的体形，其侧望、俯望、后望的轮廓均接近于长方形，体躯呈圆筒状，整个体躯短、宽、深。

外貌鉴定要点为"五宽五厚"，即"额宽，颊厚；颈宽，垂厚；胸宽，肩厚；背宽，肋厚；尻宽，臀厚"。肉用体型愈显著的品种，其产肉性能就愈高，颈脊宽厚是肉牛的特征，与奶牛要求颈薄形成对照。肉牛肩峰平整并向后延伸直到腰与后躯，都能保持宽厚则标志此牛产肉高、肉质佳。

8. 怎样挑选好母牛？

答：母牛是牛群繁殖的基础，好的母牛与优秀的种公牛交配就会产生优良的后代，对提高牛群质量起重要作用。挑选好的母牛，首先要选择那些具有良好繁殖体况的母牛，也就是后躯发育要好。后躯好的母牛，骨盆发育也好，有利于胎儿的生长和产出。从整体结构上，根据牛的用途各有侧重，肉用或役肉兼用的母牛体型要接近于正方形，全身肌肉较发达，偏重肉用型特征；母牛要求应具备背腰平直，头部清秀，背部宽平而长，四肢端正、结实，乳房发育好，腹大而不下垂。从体重上要求不宜过小，一般地说，体重大的牛，消化器官容积大，产奶量高，挽力大，产肉性能也好。对经产母牛的选择，好的母牛应发情、受胎、产犊正常，犊牛出生重大，哺乳能力强，断奶体重大等。异性双胎的牛，没有繁殖能力，不能留作种用。对好的母牛挑选时，也要按品种标准进行外貌、体尺、体重评定，综合评定不能低于一级标准。

9. 不同生长阶段的肉牛如何选择？

答：在犊牛选择上，如果在后肋、阴囊等处有沉积脂肪现象，这就表明它不可能长成大型的肉牛。体躯很丰满而肌肉发育不明显，这表明早熟品种，对出高瘦肉率不利。大骨架的牛比较有利于肌肉的着生，在选择上不能忽视。由于肌肉发达程度随牛的年龄的增长而加强，并相对地超过骨骼的生长。所以在选择肉牛时，如果青年阶段体格大而肌肉较薄，表明它是晚熟的大型牛，它将比体格小而肌肉厚的牛更有生长潜力，应该引起重视。所以同龄的大型牛早期肌肉生长并不好，只长架子肌肉薄，后期却能发展成肌肉发达的肉牛。

10. 如何选择理想的肉犊牛?

答:肉牛养殖中,牛犊的选择非常关键,有病没病,长势怎么样,是后期利润多少的关键问题,没有好的牛犊,长势不好,肯定无法保证效益。选择犊牛把握"七看",即一看头,头大脖子粗的好;二看嘴,一定要大;三看腿,一定要粗壮;四看前腿间隙,一定要宽;五看牛屁股,一定要大;六看身架,屁股高、身宽、体长为宜;七看鼻子,没有水珠的,不要选购,说明存在疾病。一般注意这些,就可以选到好的牛种。

11. 选择架子牛的六个标准是什么?

答:(1)四肢及躯体较长的肉牛易于育肥,如幼牛体型已趋匀称,发育前景未必就好。

(2)十字部略高于体高,后肢飞节高的牛发育能力强。

(3)皮肤松弛柔软,被毛柔软密实的牛肉质良好。

(4)背、腰肌肉充盈,肩胛与四肢强健有力者良好。

(5)发育虽好但性情暴躁、神经质的牛不宜选择。

(6)若选去势牛,去势应尽早进行(3~6月龄),这样可减少应激,出栏时出肉率高,肉质好。肉牛去势越迟肉质就越不好。

12. 农村养牛自繁自养有哪些优势和劣势?

答:俗话说"母牛见母牛,三年五个头",是说母牛繁殖快,牛的头数增加得多,是发展养牛业的物质基础。这比从市场上买牛育肥成本低得多,效益好。母牛产母牛,增加繁殖母牛数量,使繁殖母牛比例提高;母牛产下公犊,1岁半至2岁即可育成。增加肉牛出栏率,

能显著提高养牛经济效益。从长远角度来看,自繁自育的优势有:

(1)牛源有保证。自繁自育在拥有一定基础母牛群的情况下,育肥牛源有保证,不用像单纯育肥那样到外地买牛犊,更不用担心买牛上当受骗的问题。

(2)牛犊品质有保证。自己养牛场母牛所繁育的牛犊,品质一般要优于市场牛犊,不用担心买到差品种牛犊。

(3)牛犊健康有保证。自繁自育不用担心买到病牛以及运输应激,牛犊断奶后直接育肥就可以。

(4)更容易获得养牛补贴。近年来大部分地区对繁殖母牛有较大的补贴,间接降低了基础母牛的养殖成本,增加了养牛利润。

(5)肉牛疫病防控有保证。避免因从外地买牛带进的传染病,有利于肉牛疫病的有效防控。

农村养牛自繁自养的劣势有:

(1)投资大。单纯育肥一头牛最多也就是投资一万多一点,自繁自育的情况下一头牛最低要投资两万。一头好的母牛就一万多,再加上母牛草料和犊牛育肥草料,两万是最保守的成本。

(2)周期长。在购买青年母牛的情况下,3~5个配种,配种后9个多月下牛犊,牛犊到出栏最少18个月。一头繁殖母牛要想见到利润前期最低需要两年半的时间,当然后期运转起来一年多就可以见到效益。

总而言之,由于自繁自育投资较大而且周期长,更多的人选择单纯育肥。由于基础母牛数量减少,牛犊价格越来越高,随着牛犊价格的继续攀升,单纯育肥将很难赚到钱。未来养牛要想赚钱,就必须要走自繁自育的道路。

13. 农村自繁自养肉牛育肥养殖有哪些注意事项?

答:应注意四个方面。

(1)注意选择优良父本。优良犊牛品种是农户自繁自养肉牛育肥的关键和重点。要想得到好的杂交肉牛品种,必须选择优良的肉牛品种作为公牛,与自养的优良母牛进行交配或人工授精配种,所产的杂交犊牛才能具有适应性强、耐粗饲、抗病力强的特点,且初生体质量大、生长快、饲料报酬率高。一般应选择目前国内外公认的优良肉牛品种作为父本。

(2)加强孕牛饲养管理。要保证初生犊牛身强、体健、体重大,就应从母牛怀孕时抓起。母牛的怀孕期约为285 d,期间要加强饲养管理。注意保持孕牛中上等膘情,以满足生长需要。产前3个月,胎儿生长快,要更加注意营养。严冬时可供20 ℃温热水,酷暑时注意遮阳,严禁饲喂变质、霉烂、农药污染和不洁草、料、水。

(3)狠抓犊牛断奶时体质量。初生犊牛至断奶期间,生长速度很快,所需营养特别高。要使犊牛身高体大,必须抓好犊牛断奶前的科学饲养。要加强哺乳母牛饲养,喂给多汁、青绿、优质的牧草,增加豆科牧草和配合精料,以保证母牛乳汁充裕,满足犊牛哺乳需要。一般应比其他母牛在日粮中多添加0.25~0.50 kg精料,同时要抓好犊牛的补饲。母牛产后3个月,其乳汁逐渐减少,不能满足犊牛生长的营养需要,可从第2周开始将淡盐水、白糖水或医用10%糖盐水喷洒在青绿多汁饲料上,让其在母牛的带领下学习采食。

(4)强化肉牛后期催肥。杂交的犊牛一般在156日龄左右开始育肥,育肥期为100 d,在最后2个月里要抓好催肥,强化牛体脂肪沉积,促进肌肉丰满。催肥肉牛日粮可采用玉米、麸皮、各类饼粕、预混料、石粉、骨粉、食盐等配合而成的全价饲料,若不用预混料可适量使用微量元素、维生素、酵母粉、赖氨酸等。每日用200 mg瘤胃素,混合于配合料中。肉牛催肥的饲喂方法是先粗后精,先干后湿,先劣后优,即先喂饲草,再喂饲料,最后饮水。饲喂期间,用1.2~1.5 m长的短绳拴养,以牛能在食槽吃到草料为宜。要尽量减少牛的运动,要坚持定时、定质、定量饲喂。可在饲料中添加调味剂。以刺激牛的嗅觉、味觉,增强食欲,促进唾液、胃液、胰液的分泌,提高采食量、消化利用率。

14. 农村养牛必须考虑的六大问题?

答:农村养牛越来越成为农村人创业致富的途径之一。如何规划肉牛养殖成本? 养牛要做好哪些准备? 有六大问题必须考虑。

(1)饲料来源。饲草是养牛的物质基础,饲养肉牛之前,一定要充分考察当地的饲草资源,就近解决饲草问题。靠长途运输、高价购草来饲养肉牛将得不偿失。在条件允许的情况下,若能拿出适当的耕地进行粮草间作、轮作解决青饲料供应问题,对牛的育肥将更加有利。

(2)资金情况。肉牛生产所需资金较大,尤其是短期育肥时购买架子牛需要的流动资金更大,农户应根据个人的资金情况来确定饲养规模的大小。

(3)技术条件。不掌握肉牛的生长发育规律和生理特点,不使用科学的饲养技术,就难以获得最佳效益。因此,要搞肉牛规模育肥,建场前必须对养牛的基础知识有初步的了解,并在以后的饲养实践中不断地学习,系统地运用新的技术知识,降低成本,提高效益。

(4)牛舍场地。肉牛饲养场地要选择在地势高燥,排水良好,便于防疫,距交通干线 1000 m 以上的地方。按每头牛所需面积与饲养规模计算牛场建设面积,通栏育肥牛舍每头牛占 2.3~4.6 m²,有隔栏的牛舍每头牛占 1.6~2.6 m²。牛舍的设计最好坐北朝南,可采用开放式或半开放式,以保证肉牛生活环境的舒适度,做到冬暖夏凉。

(5)牛的来源。牛的来源及质量是肉牛饲养的前提条件,饲养肉牛应选杂交改良牛。杂交改良牛抗病力强,耐粗饲,增重快,肉质好,饲料报酬高。

(6)自身规模定位。养殖规模控制应在自身管理水平允许的范围内确定规模大小。

15. 如何判定牛的正常生理指标?

答:有六项生理指标。

(1)食欲:牛健康的可靠指征。一般情况下,只要生病,首先就会影响到牛的食欲,早上给料时看饲槽是否有剩料,对于早期发现疾病十分重要。

(2)体温:成年牛的正常体温为 38~39 ℃,犊牛为 38.5~39.8 ℃。

(3)呼吸频率:成年牛每分钟呼吸 15~35 次,犊牛 20~50 次。

(4)脉搏:一般成年牛脉搏数为每分钟 60~80 次,青年牛为 70~90 次,犊牛为 90~110 次。

(5)反刍:反刍能很好地反映牛的健康状况。健康牛每日反刍 8 h 左右,特别是晚间反刍较多。

(6)排便:正常牛每日排粪 10~15 次,排尿 8~10 次。健康牛的粪便有适当硬度,牛粪为一节一节的,但肥育牛粪稍软,排泄次数一般也稍多,正常尿液透明,略带黄色。

16. 肉牛的消化器官有哪些特点？

答：牛是反刍动物，能消化大量的粗饲料，还能生成单胃动物所不能生成的一些维生素和某些氨基酸。这是由其消化器官构造的特殊性所决定的。

牛胃由4部分组成，分别是瘤胃、网胃（蜂巢胃）、瓣胃和皱胃（真胃）。瘤胃和网胃由1个叫作蜂巢瘤胃壁的褶皱组织相连接，使采食入胃的食物可以在这两胃之间流动。

（1）瘤胃：是第一胃，它是整个胃中最大的部分，占成年牛胃总容量的80%左右。它的容量因体躯大小而异，成年牛为151~228 L。它是饲料的贮存库，牛将吞咽的饲料先存入瘤胃。瘤胃中有无数的微生物，每毫升胃液中有细菌400亿~500亿之多，原虫数量也在几十万以上。这些微生物利用粗饲料，通过其自身的繁殖，生成大量低价、便于牛利用的蛋白质，甚至将一些氮素转化成必需氨基酸。还能生成许多必需的维生素，包括B族维生素。还能将纤维素和戊聚糖分解成乙酸、丙酸和丁酸，这些短链的脂肪酸通过胃壁吸收，为牛提供约3/4的能量。

反刍是牛采食的特点。牛在瘤胃充满一定的食物后，开始反刍。反刍时饲料从瘤胃中倒上来，在口腔中咀嚼，再重新吞咽入瘤胃，由微生物进一步分解、消化。这使得牛能消化大量的粗饲料。

瘤胃消化功能包括4个方面：①制造复合维生素B；②利用劣质蛋白质；③将一定量的非蛋白氮转化成蛋白质；④消化大量的粗饲料。

瘤胃中有大量微生物参与消化过程。因此，如果微生物在瘤胃中能得到恰当培养，不仅能提高饲料报酬，还能保障牛的营养需要和体质健壮。

(2)网胃:与瘤胃紧密相连,是异物(如铁丝、铁钉等)容易滞留的地方。这些异物,如果不是很锐利的话,在网胃中可以长期存在而无损于健康。网胃的主要功能之一,是贮存会引起其他组织严重损害的异物。

(3)瓣胃:是牛胃的第三组成部分,它由很强的肌肉壁组成,其功能还未被完全弄清。但它能滤去饲料中的水,将黏稠部分推入皱胃。

(4)皱胃:是胃的第四组成部分。它的功能与猪等单胃动物的胃相似,分泌消化蛋白质所必需的胃液,食物离开皱胃后就进入小肠。其后的消化过程与单胃动物相似。

犊牛大约在出生后第三周出现反刍,这时犊牛开始选食草料,瘤胃内有微生物滋生,腮腺开始分泌唾液。试验证明,提早训练采食粗料,可使犊牛提前出现反刍;喂以成年牛逆呕出来的食团,犊牛甚至可提前8~10 d出现反刍。

17. 牛的消化特点有哪些?

答:主要有四个特点。

(1)瘤胃微生物。瘤胃里生长着大量微生物,每毫升胃液中含细菌250亿~500亿个,原虫20万~300万个。瘤胃微生物的数量依日粮性质、饲养方式、喂后采样时间和个体的差异及季节等而变动,并在两方面发挥重要作用。第一,能分解粗饲料中的粗纤维,产生大量的有机酸,即挥发性脂肪酸(VFA),占牛的能量营养来源的60%~80%,这就是为什么牛主要靠粗饲料维持生命的原因;第二,瘤胃微生物可以利用日粮中的非蛋白氮(如尿素)合成菌体蛋白质,进而被牛体吸收利用。所以,只要为瘤胃微生物提供充足的氮源,就可以适当解决牛对蛋白质的需要。

(2)瘤胃发酵及其产物。瘤胃黏膜上有大量乳头突,网胃内部由许多蜂巢状结构组成。食物进入这两部分,通过各种微生物(细菌、原虫和真菌)的作用进行充分的消化。事实上瘤胃就是一个大的生物"发酵罐"。

(3)反刍。当牛吃完草料后或卧地休息时,人们会看到牛嘴不停地咀嚼成食团,重新吞咽下去,每次需 1~2 min。牛每天需要 6~8 h 进行反刍。反刍能使大量饲草变细、变软,较快地通过瘤胃到后面的消化道中去,这样使牛能采食更多的草料。

(4)嗳气。由于食物在消化道内发酵、分解,产生大量的二氧化碳、甲烷等气体。这些气体会随时排出体外,这就是嗳气。嗳气也是牛的正常消化生理活动,一旦失常,就会导致一系列消化功能障碍。

18. 衡量肉牛组织生长规律有哪些?

答:体组织生长规律主要指骨骼、肌肉、脂肪等的生长规律。通常情况下,牛的肌肉生长速度是从快到慢,脂肪组织正好相反,由慢到快,而骨骼则一直是比较平稳地生长。了解这一特点在生产过程中应有所侧重地调整饲料配方,使肉牛体组织充分发育,如前期多补以丰富的矿物质,特别是钙、磷和维生素 D 以促进骨骼的发育,中期肌肉的形成需要丰富的蛋白质饲料,而后期碳水化合物类的能量饲料可满足脂肪的沉积。

19. 肉牛体重生长有哪些规律?

答:体重是表示肉牛生长发育情况的最常用的方法,一般常采用初生重、断奶重（6 个月龄重）、12 个月龄重、18 个月龄重和 24 个月龄重等项目。

据专业部门测试，肉牛的体重生长发育规律是：在 1 岁前生长增重较快，1 岁后生长速度减慢，特别是 2 岁以后生长更慢。肉牛的增重以育成牛的增重速度最快。在此期间，肌肉的生长速度要快于骨骼，肌肉会变得更粗。随着年龄的增加，脂肪的增加速度加快。以夏洛莱肉牛为例，日增重从出生到 6 月龄为 1.5~1.8 kg，而 7~12 月龄为 0.9~1.05 kg。

试验还证明，年龄小的肉牛增重 1 kg 所需要的饲料较年龄大的肉牛要少得多，比如一般的犊牛每增重 1 kg，约消耗饲料 3.9 kg；在育成牛阶段每增重 1 kg，约消耗饲料 4.5 kg；在成牛阶段每增重 1 kg，需要消耗饲料 5.0~5.5 kg。因此要加强育成阶段的肥育，因为在这个阶段搞肥育，经济效果最佳。随着年龄的不同，饲料报酬也发生一定的变化。从饲料总消耗量和资金及设备利用等方面考虑，饲养年龄小的肉牛较饲养年龄大的肉牛更有利。

20. 什么是肉牛的补偿生长？

答：当肉牛生长发育到一定阶段后，如果饲料的供应不足，会使肉牛的生长速度下降，与其他营养充足的同龄肉牛相比，日增重慢，体重小，此时称为生长受阻。但是在这之后如果提供含有丰富营养物质的饲料，经过一段时间的饲养即可赶上其他同龄肉牛的体重，这一现象称之为补偿生长。

但是要注意的是，当肉牛发生轻度的生长受阻时可以进行补偿饲养，而发生较为严重的生长受阻，或者长期处于生长受阻的阶段，尤其是在肉牛的生长发育阶段，则很难补偿，从而导致形成僵牛，使终身的生产力受到影响。

21. 选择什么年龄阶段肉牛进行育肥最理想？

答：肉牛育肥是根据肉牛的生长规律，利用科学的饲料和饲养管理方法，达到提高饲料利用率、降低料肉比、改善牛肉营养成分、提高牛肉品质的目的，从而生产出符合人们需求的牛肉，进而获得较高的肉牛养殖经济效益。只有科学地掌握肉牛生长规律才能更好地养殖肉牛，提高养牛的利润。遵循肉牛生长规律，在 7~8 个月时增重最快，2 岁时增重速度仅为 1 岁时的 70%，3 岁时的增重又只有 2 岁时的 50%。所以作为肉牛育肥，最好选用 1~2 岁的杂种公犊（或 3~5 岁的架子牛），体重在 270~300 kg 为宜。一般经 3 个月的育肥，体重可达 500 kg 左右，即可出栏，可获得较高的养牛经济效益。

22. 选择肥育用架子牛的方法有哪些？

答：肥育用架子牛应以健康情况、体形、遗传素质等来选择。根本要领可归结为"一看""二触""三选择"。

"一看"：看牛的健康状况，外表上看应该精神、有力、活泼，被毛光亮、无眼屎、鼻镜湿润，排便正常，腹部不膨大。

"二触"：摸摸牛体、提提牛皮，看牛的被毛是否柔软细密，牛皮是否松弛不紧绷。

"三选择"：一要选择与它的月龄相称、身体各部位匀称、头不算太大，二要选择前腿、前胸宽而有力，三要选择体高而且蹄子健康的牛。

23. 选择架子牛考虑哪些基本因素？

答：在我国的肉牛业生产中，架子牛通常是指未经育肥或不够屠宰体况的牛,这些牛常需从农场或农户选购进行育肥。架子牛品质是影响商品肉牛育肥性能的重要因素之一。

架子牛选择的原则:选择架子牛时要注意选择健壮、早熟、早肥、不挑食、饲料报酬高的牛。具体操作时要考虑品种、年龄、体重、性别和体质外貌等。

(1)品种、年龄。在我国目前最好选择夏洛莱牛、利木赞牛、皮埃蒙特牛、西门塔尔牛等肉用或肉乳兼用公牛与本地黄牛母牛杂交的后代,也可利用我国地方黄牛良种,如晋南黄牛、秦川牛、南阳黄牛和鲁西黄牛等。年龄最好选择 1.5~2.0 岁或 15~21 月龄。

(2)性别。如果选择已去势的架子牛,则早去势为好,3~6 月龄去势的牛可以减少应激,加速头、颈及四肢骨骼的雌化,提高出肉率和肉的品质,但公牛的生长速度和饲料转化率优于阉牛,且胴体瘦肉多,脂肪少。

(3)体质外貌。在选择架子牛时,首先应看体重,一般情况下 1.5~2.0 岁或 15~21 月龄的牛,体重应在 300 kg 以上,体高和胸围最好大于其所处月龄发育的平均值。另有一些性状不能用尺度衡量,也很重要,如毛色、角的状态、蹄、背和腰的强弱,肋骨开张程度,肩胛等。一般的架子牛有如下规律:

四肢与躯体较长的架子牛有生长发育潜力,若幼牛体型已趋匀称,则将来发育不一定好;十字部略高于体高,后肢飞节高的牛发育能力强;皮肤松弛柔软、被毛柔软密致的牛肉质良好;发育虽好,但性情暴躁、神经质的牛不能认为是健康牛,这样的牛难于管理。

24. 生产实践中哪个季节肉牛育肥效果最好?

答:抓住育肥的有利季节,在四季分明的地方,春秋季节育肥效果最好。此时气候温和,牛的采食量大,生长快。夏季炎热,不利于牛的增重,因此肉牛育肥季节最好错过夏季。但在牧区肉牛出栏以秋末为最佳。一般说来,牛生长发育的适宜气温为 5~21 ℃,所以在冬夏季节要注意防寒和防暑,为肉牛创造良好的生活环境。

25. 肉牛育肥方式有哪些?

答:在肉牛育肥过程中要因地制宜选择适宜的育肥方法。生产实践中肉牛有持续育肥、后期集中育肥和架子牛短期育肥等方法。

(1)持续育肥法。持续育肥法是指犊牛断奶后,立即转入育肥阶段,一直到 12~18 月龄,体重达到 400~500 kg 时出栏。这种育肥方法一般用于生产高档牛肉。持续育肥法可以缩短生产周期,提高出栏率,降低饲养成本,提高肉牛养殖的经济效益。广泛用于美国、加拿大和英国。使用这种方法,日粮中的精料可占总营养物质的 50%以上。既可采用放牧加补饲的方式,也可用舍饲拴系方式。由于在饲料利用率较高的生长阶段保持较高的增重,加上饲养期短,故总效率高。生产的牛肉鲜嫩,仅次于小白牛肉,而成本较犊牛低,是一种很有推广价值的方法。

(2)后期集中育肥法。对 2 岁左右未经育肥或不够屠宰体况的牛,在较短时间内集中较多精料饲喂,让其增膘的方法称为后期集中育肥。这种方法对改良牛肉品质,提高育肥牛经济效益有较明显的作用。后期集中育肥有放牧加补饲法、秸秆加精料日粮类型的舍饲育肥、青贮加精料日粮类型舍饲育肥及酒糟日粮类型舍饲育肥等方法。

(3)架子牛短期育肥法。购买牛龄在 1 岁左右的育成牛来进行育肥,其原理是利用肉牛生长高峰期育肥。在选购时要注意架子牛的外形、特征。要求其生长发育良好、骨架大、健康无病,在性别的选择上,最好选择公牛来进行育肥,其次是阉牛。通过选择健康的架子牛,短期内用高营养、高能量的饲料饲喂,配合科学的饲养管理制度,使体重快速增长,达到出栏标准。架子牛短期舍饲育肥采用限制运动拴系式饲养,尽量减少运动。根据牛的年龄体况,全期需要100~200 d。

育肥前期的饲养:前期 1 个月左右是适应阶段,完成驱虫、免疫、编组、编号,让牛适应新的环境。让牛充分饮水,多喂粗饲料(青贮饲料),少喂精料。根据牛对新环境的具体适应情况,以及精神状态,逐步增加精料,减少粗饲料的喂量。

育肥中后期的饲养:经过前期的适应阶段,让牛逐渐适应精料型日粮。按照定期称重结果调整精饲料添加比例,精饲料给量一般按体重的 1.0%~1.1% 的量控制,即体重 300 kg,给量 3.0~3.3 kg,500 kg 以上体重给量 5~6 kg。

26. 肉牛育肥的主要影响因素有哪些?

答:主要有品种、年龄、日粮、育肥环境等因素。

(1)品种的影响:不同的品种肉牛在整个育肥期对营养的需要量以及增重速度是不同的,在提供相同的饲料时,肉用品种要比非肉用品种的育肥效果好,因此在养殖肉牛前品种的选择非常重要。一般我国育肥的肉牛品种多为国外优良品种与本地黄牛品种的杂交后代。如西门塔尔、利木赞等。牛的性别也影响着育肥效果,生产实践表明,拴系饲养形式下,小公牛的增重速度最快,肉质最好,而育肥母牛和阉牛牛肉的脂肪含量较多,肉质较嫩,但是饲料消耗量较大。

传统的肉牛养殖业常将公牛去势后饲养，这样不但便于管理，还可以提高肉的品质。但是近年来的研究表明,公牛的生长速度和饲料利用率明显地高于阉牛和母牛,并且胴体瘦肉率高,脂肪含量少,符合消费者的需求,因此犊公牛不去势直接育肥越来越受到重视,并逐渐成为主要趋势。

(2)肉牛的年龄:处于生长发育快速时期的肉牛的平均日增重较高,并且增重的饲料消耗率也较低。犊牛在生长期,早期的体重增加以肌肉和骨骼为主,后期以脂肪为主,因此不同年龄的育肥效果也不同。另外,不同的年龄,牛肉中营养物质的含量也有着明显的差异。

(3)日粮因素:日粮营养是影响肉牛育肥效果的重要因素。只有给肉牛提供高于维持自身生长发育的营养物质,才能使肉牛快速增重,如果营养的供应不足则会导致肉牛的生长发育受阻,增重速度缓慢,长期下去会导致生产力下降。给肉牛提供营养要根据肉牛不同生长发育阶段营养要求来合理配制日粮,如在育肥前期以肌肉和骨骼的生长为主,就要注意日粮中蛋白质和矿物质的供应量,在后期以脂肪的沉积为主,则要注意日粮中能量的水平。但是要注意不可饲喂过量,否则会导致肉牛过于肥胖,影响牛肉品质。

(4)育肥环境:育肥环境也影响着肉牛的育肥效果,其中以环境温度的影响最大。如果环境温度过低,当低于 7 ℃时,用于维持的营养需求则增加,而饲料报酬率降低,影响肉牛的增重。但是当环境温度过高,则会严重影响肉牛的消化机能,使食欲下降,采食量减少,摄入的营养物质不足而影响生长发育和增重,严重时还会发生中暑死亡。因此,要给肉牛提供适宜的环境温度,一般保持在 16~25 ℃即可。除了温度外,牛舍的湿度、空气质量、环境卫生都会对育肥效果产生影响,因此要做好肉牛育肥环境的控制工作,保持肉牛的舒适度。

27. 提高肉牛育肥效果的措施有哪些?

答:主要有八项措施。

(1)选好品种。由于我国没有专用肉牛品种,所以可利用国外优良肉牛品种的公牛与我国地方品种的母牛杂交,或国内优良地方品种间的杂交后代进行育肥。杂交后代的杂种优势对提高育肥肉牛的经济效益有重要作用。如西门塔尔杂交牛产奶、产肉效果都很明显;皮埃蒙特杂交牛生长迅速、肉质好;海福特改良牛早熟性和肉的品质都有提高;利木赞杂交牛的牛肉大理石花纹明显改善;夏洛莱改良牛生长速度快、肉质好等。

(2)利用公牛育肥。研究表明,性别影响牛的育肥速度,在同样的饲养管理条件下,以公牛生长最快,阉牛次之,母牛最慢。这是因为公牛体内性激素——睾酮含量高的缘故。一般公牛的日增重比阉牛提高 14.4%,饲料利用率提高 11.7%,可在 18~23 月龄屠宰。因此如果在 24 月龄以内肥育出栏的公牛,以不去势为好,胴体瘦肉多,脂肪少。

(3)选择好的架子。架子牛的选择非常重要,有"架子牛七成相"之说。因此,应尽可能选择易于饲喂,容易长膘,资质好,能卖大价钱的牛入栏喂养育肥。

(4)选择适龄牛育肥。年龄对牛的增重影响很大。一般规律是肉牛在 1 岁时增重最快,2 岁时增重速度仅为 1 岁时的 70%,3 岁时的增重又只有 2 岁时的 50%。幼龄牛的增重以肌肉、内脏、骨骼为主,而成年牛的增重除增长肌肉外,主要是沉积脂肪。饲料利用率随年龄增长、体重增大而呈下降趋势。在同一品种内,牛肉品质和出栏体重有非常密切的关系,出栏体重小的牛肉质往往不如体重大的牛,但变化没有年龄的影响大。按年龄大理石花纹形成的规律是,12月龄以前花纹很少,12~24月龄花纹迅速增加,30月龄以后花纹变化很微小。由此看出要获得经济效益高的高档牛肉,需在18~24月龄时出栏。

(5)抓住育肥的有利季节。环境温度影响肉牛的育肥速度。最适气温为10~21℃,低于7℃则牛体产热量增加,要消耗较多的饲料;环境温度高于27℃,牛的采食量下降,增重降低,所以在四季分明的地方,春秋季节育肥效果最好。

(6)合理搭配饲料。要按照育肥牛的营养需要标准配合日粮,正确使用各种饲料添加剂。日粮中的精料和粗料品种应多样化,这样不仅可提高适口性,也利于营养互补和提高增重。肉牛在不同的生长育肥阶段,对饲料品质的要求不同,幼龄牛处于生长发育阶段,增重以肌肉为主,所以需要较多的蛋白质饲料;而成年牛和育肥后期增重以脂肪为主,所以需要较高的能量饲料。饲喂时应按照育肥牛营养标准设定的日增重水平,进行合理搭配育肥牛的日粮,正确使用各种饲料添加剂。

(7)定期消毒。定期用不同的消毒药喷洒棚、槽各一次,以防止牛发生疾病。

(8)四季防病。除定期消毒外,平时还要加喂一些助消化、防积食的药物或食物,以增强牛的免疫力。每半月检查一次牛的口舌,以舌辨病,及时防范。如果口舌呈桃红色,则是正常无病;如果呈红色,则为热症;如果呈青色,则为寒证。

28. 肉牛最佳育肥年龄和出栏时间如何确定？

答：根据养牛之家多年养殖经验，选择架子牛 250~400 kg，生长周期为 4~6 个月，选择 200 kg 左右的牛犊大概需要 8~10 个月，选择 100 kg 的牛犊大概需要 10~12 个月，具体生长周期要根据放牧和圈养，还要看饲料的搭配和品种的选择。肉牛出栏年龄主要与品种、饲养管理条件等因素有关，例如西门塔尔牛、夏洛莱牛及利木赞牛等良种肉牛，在舍饲圈养的条件下，一般多会在 16~18 月龄体重达到 650 kg 以上时出栏。

29. 如何判断肉牛肥育完成达标？

答：肉牛肥育是否完成，是否达到出栏要求，判断方法有 3 种。

（1）根据采食量判断：肥育即将结束时，肉牛食欲降低，采食量减少，但如改变肉牛养殖技术后又可恢复采食量，则不表示肥育已完成，如采食量持续下降，即使采取限制措施后其食欲也不会增加，则表示肥育确实已完成。

（2）根据体重变化判断：有称重条件的，对肥育肉牛定期进行称重，满足营养需要时，连续称重 2~3 次，体重基本不增加，视为肥育完成。此时，即使该肉牛食欲很好也应该出栏，不再饲养。

（3）活体肥度检查：检查肉牛体表上最难附着脂肪的部位，一般是胸前、背部、最后肋骨的上方、后肢膝壁、公牛的阴囊、母牛的乳房，若这些部位已沉积脂肪，表明肥育已完成。用手触摸这些部位，感到丰满、柔软、充实、具有弹性时，肉牛体膘已肥满，尤其是公牛的阴囊、母牛的乳房，它们是重要的生命器官，不易附着脂肪，若这两个部位已沉积脂肪，即到了出栏期。

30. 怎样评定活体肥育牛膘度？

答：肉牛膘度的评定方法主要是眼观和手摸活体。观看牛体格大小、体躯宽狭、高低、肋骨显露与否，毛色和皮肤状况以及身体各部位肌肉的肥满程度，结合手摸各部位肌肉坚实性和肉层的厚薄、脂肪积蓄程度。

（1）眼观技术方法：若全身被毛光亮细腻，皮肤柔软而有弹性，体型丰满，牛有精神，体躯宽广粗壮看不到棱角（骨骼），则为肥牛。

（2）摸脊椎技术方法：从前到后摸脊椎，同时摸腰角和坐骨。手感肩侧和背上肌肉很厚而坚实。用拇指、食指摸腰椎横突肉层很厚而坚实。腰角不显露摸到厚层肉，坐骨方圆而不显露，附着肌肉丰圆坚实则为肥牛。

（3）捏肋骨技术方法：看不到肋骨显露，肋骨上皮肤柔软而有弹性，有柔软的肉层。手摸最后一根肋骨附着脂肪垫，难以摸到肋骨为肥牛。

（4）抓颈摸耳根技术方法：令牛头左右转，右手抓颈，感到颈侧丰满肌肉层厚而坚实。手摸耳根，感到丰满柔软、积蓄脂肪为肥牛。

（5）摸后腹、阴囊和尾根技术方法：感到后腹和阴囊饱满而积蓄脂肪、柔软有弹性，尾根两侧凹陷处很小或已经平坦，则为肥牛。

通过眼观手摸后，可以评定出肉牛肥育膘度的等级。

一级：肋骨、脊椎骨、腰椎横突均不显露。腰角与臀端呈拱圆形。全身肌肉发达，肋骨上肌肉丰厚，大腿丰满充实。耳根、鬐甲、阴囊、尾根和后腹充满脂肪垫。达到一级是肥育技术最好的牛，应尽快出栏。

二级：肋骨不甚显露。脊骨和腰椎横突隐约可见，但不明显。全身肌肉中等,尻部肌肉较多。腰角不甚显露,体表弹性较差,能摸到前胸、鬐甲、阴囊、尾根和后腹沉积的脂肪松软,但不够充实饱满。达到二等是肥育技术良好的牛,也可适时出栏。

三级:肋骨和脊椎明显可见,尻部如屋脊状,但两侧不塌陷。腿部肌肉发育欠佳,腰角和臀端突出显而易见,触摸前胸、鬐甲、阴囊和后腹等部位的皮肤松软,脂肪沉积很少,且弹性差。达到三级的膘度,说明肥育技术不够,还需要继续肥育牛。

31. 肉牛饲养管理中何谓"六净二光"?

答:"六净二光"是指在肉牛饲养管理中要做到槽净、草净、料净、水净、棚净和牛体净,每次添加的草、料、水都要让牛吃光喝光。要做到"寸草铡三刀",拌料要均匀,才能使牛达到健康增膘的目的。

32. 如何提高奶公犊的成活率?

答:(1)吃足初乳。初生犊牛应饲喂初乳5~7 d。初乳可在-20 ℃以下冰柜保存,饲喂前用60 ℃以下温水解冻。最好购买出生2周以后的犊牛,因其已经具备了一定抗运输应激、疾病等能力,成活率高。

(2)定时定温喂奶。每天定时饲喂牛奶2~3次,水浴加热至39~42 ℃。

(3)饲喂方法。哺乳期犊牛最好用奶瓶或带有奶嘴的特制奶桶喂乳,预防犊牛肚胀。群养时要按大小分群。

(4)卫生与消毒。每次用完要对饲喂器皿进行清洗和消毒。牛圈3 d消毒1次,每天清粪1次。

(5)饮水。自由饮水,水质清洁。15日龄内饮温水,冬季水温保证在 15 ℃以上。

(6)温度和环境控制。圈舍要冬暖夏凉,温度保持在 15 ℃左右,通风良好,保持舍床干燥。

33. 采购好的牛在运输过程中应注意哪些事项?

答:在运输时要避免路上时间太长,运输前不宜喂得太饱,密度要适当。到达目的地不要立即饮水,充分休息(3~4 h)后再提供温水(夏天饮凉水),使牛安定下来。供给优质的粗饲料自由采食,精料的饲喂要看牛的排粪情况,而且只能供给牛体重的 1%,以后逐渐增加。为了恢复运输途中损失的体重,可以喂维生素 A 或营养剂,并注射抗生素 2~3 d,预防疾病发生。

34. 拴系饲养和散栏饲养哪个是标准方式?

答:养殖标准化不限制养殖方式。拴系饲养和散栏饲养各有利弊,需根据当地情况来定。拴系饲养的好处是节约牛舍空间,便于管理;缺点是饲养密度增加,影响牛舍环境,容易诱发疾病,耗费人工,牛舍建筑费用较大。拴系养殖时需要注意,要保证拴牛链(绳)的长度足够牛的起卧和采食。散栏饲养与放牧不同,是在一个圈内饲养数头或数十头。散栏饲养的好处是牛一定程度上能自由活动,患病率较低,节约人工,但需要较大的养殖用土地。拴系饲养和散栏饲养肉牛在增重速度上没有太大区别,可根据具体情况来选择。

35. 什么是牛性成熟? 什么是牛体成熟?

答:性的成熟是一个过程,当公牛、母牛发育到一定年龄,生殖机能达到了比较成熟的阶段,就会表现性行为和第二性征,特别是能够产生成熟的生殖细胞,在这期间进行交配,母牛能受胎,即称为性成熟。因此性成熟的主要标志是能够产生成熟的生殖细胞。达到性成熟的年龄,由于牛的种类、品种、性别、气候、营养以及个体间的差异而有不同,如培育品种的性成熟比原始品种早,公牛一般为9个月,母牛一般为 8~14 个月,但性成熟期的母牛的身体发育尚未完全,这时配种妊娠不仅妨碍母牛的继续发育,而且还可能造成难产,同时也影响母牛的体重,故不宜在此时配种。

牛体成熟指的是牛的肌肉、骨骼以及内脏中的各个器官基本都发育完全,并且具备了成年牛的固定形态和结构。

36. 鉴定母牛发情有哪几种常用的方法?

答:发情鉴定的目的是及时发现发情母牛,正确掌握配种时间,防止误配漏配,提高受胎率。鉴定母牛发情的方法有外部观察法、试情法、阴道检查法和直肠检查法等。

(1)外部观察法:主要是观察母牛的外部表现和精神状态来判断其发情情况。例如,母牛兴奋不安,食欲减退,外阴部充血、肿胀、湿润、有透明黏液,流眼泪,产奶量下降,母牛爬跨它牛或接受它牛爬跨等等。

(2)试情法:一种是将结扎输精管的公牛放入母牛群中,日间放在牛群中试情,夜间公母分开,根据公牛追逐爬跨情况以及母牛接受爬跨的程度来判断母牛的发情情况;另一种是将试情公牛接近母牛,如母牛喜靠公牛,并作弯腰弓背姿势,表示可能发情。

(3)阴道检查法:是用阴道开张器来观察阴道的黏膜、分泌物和子宫颈口的变化来判断发情与否。发情母牛阴道黏膜充血潮红,表面光滑湿润;子宫颈外口充血、松弛、柔软开张,排出大量透明的牵缕性黏液,如玻棒状(俗称吊线),不易折断。黏液最初稀薄,随着发情时间的推移,逐渐变稠,量也由少变多。到发情后期,量逐渐减少且黏性差,颜色不透明,有时含淡黄色细胞碎屑或微量血液。不发情的母牛阴道苍白、干燥,子宫颈口紧闭,无黏液流出。

(4)直肠检查法:母牛的发情期短(12~18 h),一般在发情期中配种 1~2 次即可,不一定要用直肠检查法来确定排卵时间。但有些营养不良的母牛,生殖机能衰退,卵泡发育缓慢,因此排卵时间就会延迟,有些母牛的排卵时间也可能提前,没有规律。但多数是卵泡发育慢,排卵延迟。对于这些母牛,不作直肠检查,就不能正确判断其排卵时间。为了正确确定配种适期,除了进行外部观察外,还有必要进行直肠检查,通过直肠触诊,检查卵泡发育情况。

37. 什么是牛的同期发情?

答:同期发情又称同步发情,是利用某些激素制剂人为地调整母牛发情周期的进程,使之在预定的时间内集中发情。同期发情以便于有计划地组织配种,既减少了发情鉴定工作,又可使输精操作集中进行。

38. 肉牛应在何时进行初次配种?

答:母牛初次配种时必须达到体成熟的年龄和适宜的体重。母牛初次配种年龄过早,不仅会影响自己本身的正常发育和生产性能,减少了利用的年限,还会影响犊牛的生产性能和生活能力。母牛的初配年龄主要依据牛的品种、个体的生长发育情况和用途来确定。早熟品种为 16~18 月龄,中熟品种为 18~22 月龄,晚熟品种为 22~24 月龄。母牛初配时体重应达到成年体重的 70%。

39. 产后母牛在什么时间配种适宜？

答:产后母牛配种时间是否合适,对提高受胎率有一定影响。母牛产后子宫阜表面上皮组织要进行再生,大多数牛要在 30 d 后才能完成这一组织的修复过程,而子宫完全恢复(回到骨盆腔,质地、大小恢复正常,出现宫缩反应)要到产后 30~45 d。肉牛或黄牛产后到第一次发情的时间平均为 60 (40~110) d,此时通过正常的饲养管理,子宫复原已经良好,如能及时配种受胎,不仅能增加产犊数,提高母牛繁殖利用率,而且还能提高母牛情期受胎率。

40. 肉牛配种需要注意哪些事项？

答:(1)母牛初配年龄。大型肉牛品种如西门塔尔牛、夏洛莱牛等,必须达到 1.5 岁以上,骨架、体重达到成年牛的 70%以上(夏洛莱牛难产率较高,必须达到成年牛的 80%以上),方可进行配种。小型肉牛品种或土种牛,必须达到 1 岁以上,骨架、体重达到成年牛的60%以上,方可进行配种。

(2)公牛或冻精的选择。体型较小的母牛或初配母牛,不宜选择超过其体型、体重 2 倍的公牛。一般情况下选择杂交公牛进行配种,谨慎选择体型较大的纯种公牛或冻精。体型较大的母牛或经产牛,可以采用体型较大的纯种公牛或冻精进行配种,但公牛体型、体重仍可不超过母牛 3 倍。

(3)配种时间的把握。母牛排卵一般在发情结束后 10~12 h,卵子排出后在输卵管保持授精能力的时间为 8~12 h,在排卵前 6~8 h配种受精率最高。由于现实配种过程中排卵时间并不容易掌握,一般根据发情时间进行配种。早晨发情(接受爬跨),下午进行配种,下午发情,第二天早晨进行配种。为提高配种率,可采用复配,即进行两次或两次以上配种。

(4)配种前检查。无论公牛还是母牛,在配种前都必须进行健康检查,防止交叉感染疾病。检查出布病的情况下,不宜进行配种,应直接进行淘汰。

(5)输精设备检查与消毒。采用人工授精配种的情况下,输精前一定要对输精设备进行检查,看是否能够正常使用。同时还应进行严格消毒,防止交叉感染疾病。

41. 肉牛人工授精的优点有哪些?

答:(1)可以克服有的母牛生殖道异常不易受孕的困难。

(2)可提供完整的配种记录,有助于分析母牛不孕的原因,帮助提高受胎率。

(3)由于精液可以保存,尤其是冷冻精液保存的时间很长,公牛、母牛的配种不受地域的限制,有效地解决种公牛质劣地区的母畜配种问题。

(4)提高了种公牛的配种效率,可以选择最优秀的种公牛用于配种,充分发挥其性能,达到迅速增殖良种牛和改良牛种的目的。

(5)可以相应减少种公牛的饲养头数,从而节约饲养管理费用。

(6)可以防止因自然交配,公牛、母牛互相接触传染的各种疾病,特别是牛殖道传染病的传播。

(7)在使用体型大的肉牛改良体型小的肉牛时,可以克服公牛、母牛体格相差太大不易交配的困难。

42. 如何把握发情母牛人工输精时间？

答：从具体操作上讲，给牛人工授精，适宜的输精时间为发情开始后 12 小时左右或排卵前，一般掌握早晨发情傍晚输精，中午发情夜间输精，傍晚发情便在第 2 天早晨输精。发情期内输精 1~2 次，两次间隔 8~12 小时。在给牛进行人工授精的时候要保证授精地点的清洁和安全，要设置相应的消毒设备。在进行人工授精的时候，操作人员穿相应的消毒装，做好防护措施。在人工授精操作的时候，对牛阴部进行彻底的清理，避免病菌感染生病。

43. 牛人工授精如何保证冻精的质量？

答：首先，对冷冻精液的液态氮进行及时的补充，保证液氮在合理的位置；其次，选择符合相应标准的冻精，也就是精液解冻之后，精子的活力不得小于 0.3，每一个剂量中的直线前进的精子数量应该保持在 1000 万个以上。在一定温度环境下的培养存活时间应该超过 4 h。精液解冻之后，每毫升中的菌落数量不得超过 1000 个，其中任何一项没有达到要求的都不得使用。

44. 给母牛输精前应做好哪些准备工作？

答：（1）母牛准备。母牛经过发情鉴定后，确认已到输精时间，保定好后，对外阴清洗消毒，尾巴拉向一侧。

（2）器械准备。输精器械在使用前必须彻底清洗消毒。现常用的金属输精器可用 75% 的酒精消毒。

（3）冷冻精液准备。输精前要准备好精液，精液解冻后，活力不应低于 35%。

A.准备:准备好保温杯,并将水温控制在 37~39 ℃。

B.解冻:打开液氮罐盖子,找到要使用的冻精贮存提桶,将提桶提起到罐口以下,距罐口不可超过 3.5 cm,迅速用镊子夹住精液管,如果寻找冻精的时间超过 10 s,应将提桶放回液氮面以下,15 s 后再提起寻找,以保持冻精的冷度;取出后置 38 ℃左右水浴 10 s 解冻。

C.检查:检查冻精细管上的牛号是否清晰、正确,确认无误。

D.剪口:从保温杯中取出冻精,用纸巾或无菌干药棉擦干残留水分,用细管专用剪刀剪掉非棉塞封口端。

E.精子活力检查:每批次冻精抽查 1~3 支,活力达到 35% 以上可以使用,这种抽查可间隔一定时间进行一次,防止精液质量下降。活力检查时,应保持显微镜载物台维持 37 ℃,可把显微镜置于 37 ℃保温箱中或给显微镜加恒温载物台。

F.装枪:把输精枪的推杆退到与细管长度相等的位置,把剪好的细管有棉塞一端先装入输精枪内,然后把输精枪装进一次性无菌输精枪外套管内,并按螺纹方向拧紧外套管。

(4)输精员准备。输精员应穿好工作服,指甲剪短磨光,手臂清洗消毒或戴上输精专用长臂手套。

45. 母牛人工输精方法有哪些?

答:现在普遍推广应用的输精方法是直肠把握子宫颈输精法,这种方法的优点是操作简单、安全可靠,精液输入部位深,不易倒流,受胎率高,并且对母牛刺激小,能防止给孕牛误配而造成的人工流产。

具体操作方法:输精员清洗消毒手及手臂,一只手戴上长臂乳胶或塑料薄膜手套,伸入母牛直肠内,握住并固定好子宫颈外口,并将宫颈往里推,使阴道伸展。然后压开阴裂,另一只手持输精枪,先斜上伸入阴道内 5~10 cm,避开尿道口,再向下、向前,左右手相互配合把输精枪管插入子宫颈。当遇有阻力时,不要硬插,以防损伤子宫颈。应缓缓推进并轻转输精枪管,即可顺利插到子宫体内或子宫角基部,然后把精液注入子宫。输精完毕,稍按压母牛腰部,防止精液外流,然后将所用器械清洗消毒备用。整个输精过程要轻稳,掌握"轻入、适深、缓注、慢出"八个字,应避免盲目用力插入,防止生殖道黏膜损伤或穿孔。

46. 母牛妊娠预产期如何计算?

答:为了合理安排生产,正确养好、管好不同阶段的妊娠母牛,便于做好产前准备,必须计算出母牛的预产期。从母牛配种受胎至胎儿产出这段时间称为妊娠期。母牛(黄牛、奶牛)妊娠期一般为280~285 d,妊娠期的长短与牛的品种、年龄、胎儿、性别、数目以及环境因素有关。计算母牛妊娠预产期有两种简便方法。

方法一:通过最后一次配种日期、月份,月减 3,日加 6 来推算预产期。即配种月份减3,配种日加6。如果配种月份在 1、2、3 月份时,不够减,需借 1 年(加上 12)再减,若配种日加 6 时,天数超过 1 个月,减去本月天数,余数移到下月计算。

举例:

①1 号牛 2018 年 6 月 5 日配种受胎

预期为:月,6–3=3;日,5+6=11。

即预产期为 2019 年 3 月 11 日

②2 号牛 2018 年 2 月 26 日配种受胎

预期为:月,2+12–3=11;日,26+6=32。

减去 11 月的 30 日,即(32-30)=2(日)。再把月份加上去,即 11+1=12(月)

即预产期为:2018 年 12 月 2 日

③3 号牛 2018 年 6 月 28 日配种受胎

预期为:月,6-3=3;日,28+6=34。

减去 3 月的 31 d,即 34-31=3(日)。再把月份加上去,即 3+1=4(月)

即预产期为:2019 年 4 月 3 日

方法二:通过最后一次配种日期、月份各加 9 来推算预产期。如果配种月份在小丁等丁 3 月份时,最后一次配种月份各加 9 即为预产期月份;如果配种月份在大于 3 月份时,所得月份的和减去 12 即为下一年的月份;若配种日加 9 时,天数超过 1 个月,减去本月天数,余数移到下月计算。

举例:

①一头母牛 2018 年 2 月 15 日最后 一次配种,则预产期为月份 2+9=11,日期为 15+9=24,由此可推算出该牛预产期为 2018 年 11 月 24 日。

②一头母牛 2018 年 8 月 26 日最后一次配种,则预产期为月份 8+9=17,须减去 12 个月即为次年的 5 月份;日期为 27+9=36,须减去 5 月份的 31 d 即为下月 5 日, 由此可推算出该牛预产期为 2019 年 6 月 5 日。

47. 如何进行母牛妊娠诊断?

答:配种后的母牛在经过一个情期后,未出现发情的,一般认为已怀孕;又出现发情的,则未怀孕。但是,由于有的母牛生殖器官不健康,虽未怀孕,也可能不表现发情;而有的怀孕母牛,也可能出现假发情。因此,及时准确地对配种后的母牛进行妊娠诊断,特别是早期诊断,对提高母牛的受胎率有十分重要的意义。对母牛妊娠诊断的方法有多种,较常用的有三种,即外表观察法、阴道检查法和直肠检查法。

(1)外表观察法:经配种的母牛,过了两个情期仍不见再发情,则可初步确定为已怀孕。母牛怀孕后,食欲增加,性情变得温顺,上膘快,被毛光亮。怀孕5~6个月时,腹围增大,腹部不对称,右侧腹壁突出。8个月左右,右侧腹壁可见到胎动。此方法在妊娠中后期观察比较准确,但不能在早期作出确切诊断。

(2)阴道检查法:母牛怀孕20 d左右,阴道黏膜变得苍白、无光泽,血管网不清晰,黏液量少而干燥,阴道收缩较紧。怀孕3~4个月后,阴道黏膜增多,变得较为混浊,颜色为灰黄或灰白色,多集中在子宫颈口附近,形成可以堵住子宫颈口的黏液塞。但空怀母牛卵巢上有持久黄体时,也会有上述症状。因此,阴道检查法的准确率也不是很高。

(3)直肠检查法:一般认为,直肠检查法是早期妊娠诊断最常用和最可靠的方法。由于母牛怀孕后生殖器官会不断发生变化,根据这些变化就可以判断母牛是否妊娠,以及妊娠期的长短。在妊娠初期,子宫角和角间沟无明显变化,一侧卵巢增大,并有突出于表面的妊娠黄体;妊娠30 d左右,两侧子宫角不对称,一侧变粗,有波动感;妊娠2个月左右,孕角明显变粗,相当于空角的两倍,孕角波动感较明显,角间沟变平;妊娠3个月左右,角间沟消失,孕角增大如婴儿头,波动感更加明显;妊娠4个月左右,子宫及胎儿已全部沉入腹腔,此时已摸不到子宫角,但可感觉到子宫动脉的明显波动。

48. 母牛分娩有哪些预兆?

答:在激素变化影响下,牛在分娩前发生一系列生理上的变化,称之为"分娩征兆"或"临产征状"。

(1)首先看乳房膨胀:产前半个月乳房开始膨大,产前 4~5 d 可挤出黏稠奶水(淡黄色),如果能挤出白色奶,分娩很可能就在 1~2 d 之内。

(2)其次看外阴渐肿:外阴肿胀,皱褶消失,子宫颈口黏液塞溶化,并有透明索状物流出,垂于阴门外,此现象表明 1~2 d 内可分娩。

(3)再次看臀部塌陷:妊娠末期,由于孕牛骨盆腔血管内血流量增多,静脉瘀血,毛细血管壁扩张,血液内的液体部分渗出管壁,浸润周围组织,使骨盆韧带软化,臀部出现塌陷现象。在分娩前 1~2天,骨盆韧带已充分软化,尾根两侧肌肉明显塌陷,使骨盆腔在分娩时能稍增大,这是临产的主要特征。特别是经产母牛凹陷更甚。

(4)子宫颈开始扩张:母牛发生阵缩,母牛时起时卧,频频排粪尿,头不时向后回顾腹部,感到不安。有这种情况出现,意味着分娩即将来临。

49. 如何对母牛进行助产?

答:母牛产前,一要做好观察工作,出现临产症状,要及时处理;二要做好助产准备工作,备好脸盆、毛巾、消毒药品、照明灯具等;三要及时助产,母牛出现分娩症状,要及时处理。是正产,胎儿产出后,要及时处理;如分娩异常,要及时进行矫正,并实施人工助产。

对难产母牛腹中的胎儿进行矫正的时候,应该先把胎儿送回母牛产道或者是子宫腔内,然后对胎儿的方向、位置、姿势进行矫正。

对母牛腹中的胎儿进行强行的牵拉时,术者应该配合母牛努责的节律,指导助手牵拉胎的力量、方向和时间,以免损伤母牛的产道。可采用石蜡油注入难产母畜的产道内,滑润产道并保护黏膜。矫正胎位无望或子宫颈狭窄、骨盆狭窄,应该及时采取剖腹取胎手术。如果腹中的胎儿已经死亡且拉出确实很困难的,可以采用隐刃刀或绞胎器将肢解分块取出。

50. 新生犊牛应怎样进行护理?

答:犊牛由母体产出后应立即消除犊牛口腔和鼻孔内的黏液,剪断脐带,擦干被毛,饲喂初乳。

(1)清除黏液:犊牛自母体产出后应立即清除其口腔及鼻孔内的黏液,以免妨碍犊牛的正常呼吸和将黏液吸入气管及肺中;如犊牛产出时已将黏液吸入而造成呼吸困难时,可两人合作,握住两后肢,倒提犊牛,拍打其背部,使黏液排出。也可用稻草搔挠小牛鼻孔或冷水洒在小牛头部刺激呼吸。如犊牛产出时已无呼吸,但尚有心跳,可在清除其口腔及鼻孔黏液后将犊牛在地面摆成仰卧姿势,头侧转,按每 6~8 s 一次按压与放松犊牛胸部进行人工呼吸,直至犊牛能自主呼吸为止。

(2)断脐:在清除犊牛口腔及鼻孔黏液以后,如其脐带尚未自然扯断,应进行人工断脐。方法是挤出脐带潴留的血液,在距离犊牛腹部 8~25 cm 处,两手卡紧脐带,往复揉搓 2~3 min,然后在揉搓处的远端用消毒过的剪刀将脐带剪断,挤出脐带中黏液,并将脐带的残部放入 7%~10%的碘酊中浸泡 1 min。出生两天后应检查小牛脐周是否感染,正常时应很柔软,若感染则小牛表现沉郁,脐带区红肿并有触痛感。脐带感染能很快发展成败血症(血液受细菌感染),常引起死亡。

（3）擦干被毛：断脐后，应尽快擦干犊牛身上的被毛，以免犊牛受凉，尤其在环境温度较低时，更应如此。也可让母牛自己舔干犊牛身上的被毛，其优点是刺激犊牛呼吸，加强液循环，促进母牛子宫收缩，及早排出胎衣，缺点是会造成母牛恋仔。

（3）编号、称重、记录：犊牛出生后应称出生重，对犊牛进行编号，对其毛色、外貌特征（有条件时可对犊牛进行拍照）、出生日期、谱系等情况作详细记录。通常编号按出生年度序号进行编号，既便于识别，同时又能区分牛只年龄。标记的方法是打耳标。

（4）喂初乳：初乳是母牛产犊后 3~5 d 所分泌的乳，与常奶相比初乳有许多突出的特点，因此对新生犊牛具有特殊意义，根据规定的时间和喂量正确饲喂初乳，对保证新生犊牛的健康是非常重要的。

51. 产后母牛应注意哪些问题？

答：母牛产犊后，体能明显下降，抵抗力降低，母牛出现生理性病态。犊牛产出后腹压小，肚子里很空虚，产后的母牛异常疲劳，需要给予充分的休息，特别是对产后的母牛处理要"三热"。

（1）温热水清洁牛体：母牛产犊后的两胁、乳房、腹部、后躯和尾部等部位脏污处的清洗，不能用冷水，要用不烫手的温热水洗净，再用干净的干草或热毛巾擦干。清除粪便和污染的垫草，切忌让牛趴卧在阴冷潮湿的凉地上，要在牛体下面铺上一层清洁干净的垫草。

（2）饮温热水：产犊后的母牛消耗体力大，牛体虚弱，容易口渴，但不能让其随意喝冷水，如让牛喝上一肚子冷水，会使牛体温度骤降，就很容易出现感冒、发烧。还由于冷水刺激，会使子宫内的胎衣停滞,带来更大的损害。正确的做法是必须让产后的母牛休息半个钟头左右再给牛喝与体温接近的温水,可连饮 1 周,再逐渐改饮室温水。

(3)热水清洗乳房:牛产后 40~60 min 可开始少挤奶。挤奶前要用温水打肥皂洗净手,防止手凉和不洁。洗乳房的水,要用灭菌的开水降温后不烫手时洗乳房,但不能低于 38 ℃,最好用 53~56 ℃热水。水温低本身就是一种冷应激、冷损害,特别用 20 ℃以下的冷水洗乳房,牛很反感,不舒服,表现不愿接近人,乳房不膨胀。用热水洗乳房,能使乳房血管扩展,加快了牛的血液循环,从而降低了肌肉因分娩疲劳而形成的超负性张力,减少肌肉中酸性物质的积累,促进了牛的新陈代谢,并刺激神经末梢,抑制大脑兴奋,加快牛的入睡速度,提高了睡眠深度,而使牛得到了充分休息,尽快恢复体力,以缓解牛产后生理性病态。

52. 如何提高母牛繁殖力?

答:(1)积极治疗繁殖机能障碍。对发情异常、产后 50 d 内未见发情的牛,应进行生殖系统检查,对患有繁殖机能障碍的牛应及时治疗。

(2)提高母牛受配率、受胎率。定期清群、治疗或淘汰各类发情异常或劣质母牛,抓好母牛膘情,做好发情鉴定和适时配种工作,减少或避免漏配、失配、误配。抓好犊牛按时断奶工作,促进母牛性周期活动和卵泡发育,能提早发情、提高受配率。

(3)防止流产。对妊娠后 5 个月的母牛要精心饲养,禁止饲喂发霉、腐败、变质的饲料。

(4)提高犊牛成活率。抓好接产、助产和初生犊牛护理和培育工作。

(5)推广应用繁殖新技术。目前母牛的发情、配种、妊娠、分娩、犊牛的断奶培育等各个环节都已有较为成熟的控制技术。

53. 什么叫日粮,什么叫全价日粮?

答:日粮是根据饲养标准所规定的各种营养物质的种类、数量和牛的不同生理与生产水平要求,以适当比例配合而成的草料(饲料)。

全价日粮又称平衡日粮,日粮中各种营养物质的种类、数量及其相互比例,能满足牛不同生长发育阶段及其生产水平的营养需要。即按照不同牛群的瘤胃容积确定日粮总量的体积,按照营养需要确定日粮的营养浓度,既能使牛采食后具有饱腹感,又能满足生长发育和预期产品产量的各种养分需求的日粮即为全价平衡日粮。牛的日粮包括精饲料和粗饲料,是草料的总和。

54. 配制肉牛日粮的原则是什么?

答:配制肉牛的日粮时应充分考虑以下五条原则。

(1)营养性。饲料配方的理论基础是动物营养原理,饲养标准则概括了动物营养学的基本内容,列出了正常条件下动物对各种营养物质的需要量,为制作配合饲料提供了科学依据。然而,动物对营养的需要受很多因素的影响,配合饲料时应根据当地饲料资源及饲养管理条件对饲养标准进行适当的调整,使确定的需要量更符合动物的实际,以满足饲料营养的全面性。

(2)安全性。制作配合饲料所用的原料,包括添加剂在内,必须安全当先,慎重从事。对其品质、等级等必须经过检测方能使用。发霉变质等不符合规定的原料一律禁止使用。对某些含有毒有害物质的原料应经脱毒处理或限量使用。

（3）实用性。制作饲料配方,要使配合日粮组成适应不同动物的消化生理特点,同时要考虑动物的采食量和适口性。保持适宜的日粮营养物质浓度与体积,既不能使动物吃不了,也不能使动物吃不饱,否则会造成营养不足或过剩。

（4）经济性。制作饲料配方必须保证较高的经济效益,以获得较高的市场竞争力。因此,应因地制宜,充分开发和利用当地饲料资源,选用营养价值较高而价格较低的饲料,尽量降低配合饲料的成本。

（5）原料多样性。配合日粮饲料的种类要多样化。采用多种饲料搭配,有利于营养互补和全价性,以及动物的适口性和消化利用率。

55. 什么是预混料、浓缩料和全价料？如何区分？

答:预混料是添加剂预混合饲料的简称,它是将一种或多种微量组分（包括各种微量矿物元素、各种维生素、合成氨基酸、某些药物等添加剂）与稀释剂或载体按要求配比,均匀混合后制成的中间型配合饲料产品。预混料是全价配合饲料的重要组分。目前市售牛用预混料多为1%添加量和5%添加量两种。1%添加量的预混料可满足牛的维生素和微量元素的需要;5%添加量的预混料,通常可满足牛的维生素、微量元素及矿物质元素的需要。也就是说,如果应用的是1%添加量的预混料,在配制日粮时除考虑蛋白质饲料和能量饲料外还应考虑矿物质的添加。而应用5%预混料时,只需要考虑能量和蛋白质饲料的添加。

浓缩料则是在5%预混料的基础上又加入了蛋白质饲料,也就是全价饲料中除去能量饲料的剩余部分,主要包括蛋白质饲料、常量矿物质饲料和添加剂预混合饲料。因而,在应用浓缩饲料配制日粮时只需要添加能量饲料,亦即按要求比例加入玉米粗粉和麦麸即可。国外称浓缩料为平衡用配合饲料,也称蛋白质-维生素补充饲料。

全价料指除饲草等粗饲料外的精料组分的总和,采用全价精料补充料喂牛时,只要按要求投喂一定量的粗饲料后,即能全面满足牛的生长和生产对各种营养需要。

56. 什么是饲料添加剂?

答:饲料添加剂是现代饲料工业必然使用的原料,是指在饲料生产加工、使用过程中添加的少量或微量物质,在饲料中用量很少但作用显著。

饲料添加剂包括营养性添加剂和非营养性添加剂两类。营养性饲料添加剂是指在配合饲料中加入的具有营养作用的一类添加剂,包括氨基酸、维生素和微量元素。非营养性添加剂种类繁多,包括抗氧化剂、酶制剂、防霉剂、着色剂、调味剂等。

57. 常用饲料添加剂的种类和用途有哪些?

答:常用饲料添加剂有八种。

(1)维生素添加剂。动物对维生素的需求量很小,但是其作用又是很重要的,主要是维持动物机体的正常代谢需要。其中维生素A、维生素D、维生素E、维生素K是脂溶性维生素,B族维生素和维生素C是水溶性维生素。维生素A主要是调节机体的碳水化合物、蛋白质代谢等,维护皮肤和黏膜作用。维生素D主要调节动物体内的钙磷代谢,而维生素E主要促进性腺和生殖功能的发育,维生素K则具有凝血功能。B族维生素可提高植物蛋白的利用率和防止脂肪肝等作用。维生素C则可以降低动物的应激作用。

（2）微量元素饲料添加剂。微量元素主要指的是铜、铁、锌、锰、碘、硒、钴,这些微量元素均以硫酸根的形式或氧化物的形式存在,主要可以调节机体新陈代谢、促进生长发育、改善酮体品质。

（3）氨基酸类饲料添加剂。氨基酸是动物机体蛋白质组成的主要成分,目前动物体内的必需氨基酸在 10 余种左右,添加氨基酸可以补充饲料原料中氨基酸的不足,使得动物对氨基酸得到充分利用,从而节约优质蛋白质饲料,降低饲养成本。

（4）保健助长添加剂。这些添加剂主要抑制病原类微生物的繁殖,改善动物体内的某些生理过程,提高饲料利用率,促进动物生长。主要有抗生素添加剂和生长促进剂。

（5）饲料品质保护添加剂。由于不同的环境下,饲料添加剂受到环境的影响,导致添加剂变质、发霉、营养成分丧失等情况的出现,通常需要在饲料中添加此类添加剂,这类添加剂主要以氧化剂和防霉剂为主。

（7）改良产品品质添加剂。这类添加剂的主要作用是提高动物的生长效率,改善其品质,提高酮体瘦肉率,降低饲养成本。

（8）新型饲料添加剂。酶制剂无毒、无残留,是一种新型的促生长饲料添加剂,主要有淀粉酶、蛋白酶、脂肪酶等。

58. 如何正确使用饲料添加剂?

答:正确使用饲料添加剂要遵循五个原则。

（1）合理选用。饲料添加剂按用途可分为营养添加剂(氨基酸、矿物质和维生素等)、保健助长添加剂(抗生素、激素、酶、药物等)、饲料保存添加剂(抗氧化剂、防霉剂等)和食欲增进和品质改良添加剂(味精、香料、叶黄素等)。饲料添加剂各有用途,如促生长添加剂适用于幼龄畜禽,药物添加剂用于所处卫生条件较差的畜禽。应根据饲养目的、饲养条件以及畜禽营养状况、生理状态、年龄、体重等情况,有目的、有针对性地选用,切不可滥用。

(2)正确使用。要严格按照各类添加剂的使用说明,对适用对象、剂量和注意事项等严格控制。添加剂只可混于干粉料中短时间存放,不能混于加水贮存料或发酵饲料中,更不能和饲料一起加热煮沸。使用时要与饲料混匀。

(3)随购随用。饲料添加剂不宜长期保存(保存期一般不超过6个月),尤其是维生素制剂,其稳定性较差,应随购随用,不可积压。

(4)交替使用。抗生素添加剂要交替使用,防止病原微生物产生耐药性,影响使用效果。

(5)防止混用。矿物质添加剂不能和维生素添加剂配在一起使用,以免矿物质促进维生素氧化,加速破坏维生素。

59. 肉牛常用的几种饲料添加剂?

答:肉牛常用的饲料添加剂有六种。

(1)碳酸氢钠。牛瘤胃的酸性环境对微生物的活动有重要影响,尤其是当变换饲料(如在肥育后期由粗饲料变换为高精料催肥)时,可使瘤胃的 pH 显著下降,而影响瘤胃内微生物的活动,进而影响饲料的转化。在肉牛饲料中添加碳酸氢钠 0.7% 后,能使瘤胃的 pH 保持在 6.2~6.8 的范围内,符合瘤胃微生物增殖的需要,使瘤胃具有最佳的消化机能,提高 9% 的采食量,日增重提高 10% 以上。碳酸氢钠66.7 g、磷酸二氢钾 33.3 g 组成缓冲剂,肥育第一期添加量占牛日粮干物质的 1%,第二期添加占 0.8%,日增重可提高 15.4%,精料消耗减少 13.08%,并且消化系统疾病的发病率大为减少。

（2）莫能菌素。在对架子牛进行高精料肥育时应用莫能菌素,能增加丙酸的产生,减少饲料中蛋白质在瘤胃中的降解,增加过瘤胃蛋白质的总量,增加净能,提高氮的利用率,并使肠壁变薄而有利于营养物质的渗透和吸收。还可刺激脑下垂体分泌激素促进生长发育,进而提高增重速率。把混有莫能菌素的精料与粗饲料混合喂,日增重可提高 15%~20%。

（3）稀土。在肥育牛的日粮中添加稀土 1000 mg/kg,日增重可提高 26.63%,料肉比降低 21.30%,饲料转化效率提高 23.39%。

（4）益生素。指通过改善肠道内微生物区系的平衡而对动物起有利作用的微生物活菌添加剂,又叫益生菌,也称为微生态活菌制剂,如乳酸杆菌剂、双歧杆菌剂、枯草杆菌剂等,能激发自身菌种的增殖,抑制别种菌系的生长;产生酶,合成 B 族维生素,提高机体免疫功能,促进食欲,减少胃肠道疾病的发病率,具有催肥作用。添加量一般为牛日粮的 0.02%~0.20%。

（5）非蛋白氮。用得最多最普遍的是尿素。每千克尿素的营养价值相当于 5 kg 大豆饼或 7 kg 亚麻子饼的蛋白质营养价值。当前饲喂尿素的方法是,按每千克体重 20~30 g 尿素混在精料中或把混有尿素的精料与粗饲料混合喂,或直接把尿素用水溶解后混拌或喷洒在青干草上喂,或尿素、玉米与糖浆混合成液状饲料喂,或添加尿素制作青贮喂。

60. 什么是青贮饲料?

答:青贮饲料是将含水率为 65%~75% 的青绿饲料经切碎后,在密闭缺氧的条件下,通过厌氧乳酸菌的发酵作用,抑制各种杂菌的繁殖,而得到的一种粗饲料。青贮饲料气味酸香、柔软多汁、适口性好、营养丰富、利于长期保存,是家畜优良饲料来源。

61. 青贮饲料有什么好处?

答:青贮饲料具有降低饲养成本、适口性好、提高农作物秸秆利用率、易消化、调制方便、耐久藏、可促进牛增产等好处。

(1)有效地保存了青绿植物中的营养成分。一般青绿植物在成熟和晒干之后,营养价值降低30%~80%,但青贮后仅降低3%~10%,青绿饲料在成熟和晒干过程中,不但营养价值损失较多,而且纤维素增加,质地粗硬,不利于家畜的饲喂。青贮饲料中含有大量的乳酸、微生物菌体蛋白,这些都是畜禽必需的营养物质。

(2)提高了饲料的适口性。青贮饲料柔软多汁、气味酸甜芳香,适口性好,十分适于饲喂肉牛,肉牛也很喜欢采食,并能促进消化腺的分泌,对于提高饲料的消化率有良好作用。青贮饲料可以很好地保持饲料青绿时期的鲜嫩汁液,一般干草汁液含量只有14%~17%,而青贮饲料的含汁量竟可达60%~70%,既可以保持饲料的原有品质,又可以产生酸、甜、酒曲香味及特殊的清香味等,适口性较好,消化吸收率高。有些质地粗硬的粗饲料,家畜一般不爱吃,而经过青贮发酵处理后,质地柔软,且具有香酸味,适口性大为提高。

(3)扩大饲料的来源。如向日葵、菊芋、蒿草、玉米秸等,有的在新鲜时有臭味,有的质地较硬,一般的家畜多不喜欢采食或利用率很低,经过青贮发酵,可以变成牛喜爱的饲料,不仅可以改变口味,而且可以软化秸秆,增加可食部位的数量。再如甘薯藤、花生秧等,新鲜时藤蔓上叶子的养分比茎秆的养分高1~2倍,但调制干草的过程中叶子容易脱落,而制成青贮饲料,这些富有营养的叶子就能全部保存下来,从而保证了饲料的质量。

（4）消灭害虫、病菌和杂草。很多危害农作物的害虫，多寄生在收割后的秸秆上越冬，由于秸秆铡碎并青贮，青贮的窖中缺乏氧气，而且酸度高，就可以将许多害虫的幼虫杀死。

（5）能为寒冷地区的家畜提供青绿多汁的饲料。青贮能为寒冷地区的家畜在冬春季缺乏青绿植物时，提供青绿多汁的饲料，从而使家畜保持高水平的营养状态和较高的生产水平。每年冬春季是母畜妊娠、产仔、哺乳期，需要较多的蛋白和纤维素等营养，调制青贮饲料可以把夏秋季多余的青绿植物保存起来，特别有利于乳牛饲料和母畜的健康，提高产奶量和促进幼畜的生长发育。

（6）青贮饲料是保存饲料的经济而安全的方法。青贮饲料比贮藏干草需要用的面积小，一般每立方米的干草垛只能垛 70 kg 左右的干草，而 1 m³ 的青贮窖能贮藏含水青贮饲料 450~700 kg，折成干草也能贮藏 100~150 kg。青贮饲料只要贮藏得法，可以长期保存，甚至二三十年仍能保存良好，既不会变质，也不用担心火灾等意外发生。如采用整块窖藏甘薯、胡萝卜等块茎、块根类饲料，只能保几个月，且容易霉烂或发芽，而用青贮，则简便安全，保存的时间又长。在草原、牧地青贮一定数量的青草，可以合理利用草场，提高经济效益。

（7）调制青贮饲料受天气因素的影响较少。在阴雨季节要晒制干草较为困难，而制作青贮饲料，从收割到贮藏的时间要比调制干草的干燥时间要短，而且不管什么样的天气都可以进行，从而减少了天气对其的损害。

62. 如何调制青贮饲料？

答：（1）适时收割原料。青贮原料适宜收割的最佳时期是单位农田面积上营养物质产量最高和可溶性糖分含量最多的时候。一般而言,禾谷类饲料作物和牧草以抽穗开花期,青贮玉米以蜡熟期,或以现蕾至开花期收割较好。

(2)切碎。切碎的目的是便于压实以排除饲料间隙中的空气,从而使之尽快形成良好的厌氧环境,尽早使原料中的微生物终止繁衍。原料切碎的长度一般以 2 cm 左右为宜,切碎也更有利于其后的取用和饲喂。

(3)装填与压实。在青贮窖内原料的装填应分层进行,每装填 30 cm 左右碾压或踩实一次。为尽量能使窖边角空气排净,在踩边角时一定要认真。为确保青贮质量,装填速度愈快愈好,一般应在 2~3 d 以内完成每窖的全部任务。否则将易引起原料的变质,严重时还有导致失败的可能。

(4)密封与覆盖。当把原料装满之后一定要再装一些,并使其上部保持屋脊状,然后加盖一层塑料布和软草,最后再覆盖 30~50 cm 的土或草泥,使之密不漏气。在北方,一般经 30~50 d 的发酵即可开窖启用。应注意的是,封窖后由于下沉常会出现裂缝,甚至造成漏气渗水,如若发现,一定要及时填平。启封后,应遵循尽量缩小青贮料的暴露面积和用多少取多少的原则,以便减少二次发酵造成的损失。

63. 鉴别青贮饲料质量好坏的要领有哪些?

答:鉴别青贮饲料质量好坏的要领是"一看""二闻""三摸"。

"一看":看青贮饲料的色泽。颜色越接近原来青割时的颜色越好。黄绿、青绿色且叶脉明显且结构完整的饲料为优等饲料;黄褐或暗绿色,且茎叶分明的饲料为良等饲料;褐色、黑色或有霉斑,且茎叶难以分清,结构模糊的饲料为劣等饲料,不能饲喂家畜。

"二闻":闻青贮饲料的气味。正常青贮饲料具有酸香气味。带有酒香或水果酸味的饲料为优等饲料;带有强烈的刺鼻酸味的饲料为良等饲料;若带有腐败发霉味、腐臭味的饲料则为劣等饲料,不能饲喂家畜。

"三摸":鉴定青贮饲料的品质。把青贮饲料攥在手中,有松散感,但质地柔软而湿润,松开不沾手的饲料为优等饲料;与此相反,若攥到手里感到发黏或黏合在一起,或虽然松散,但干燥粗硬,为质地不良的青贮饲料,不能饲喂家畜。

64. 如何合理使用青贮饲料养牛?

答:青贮饲料被广泛应用于养牛生产中,只有在使用过程中科学合理地使用才能保证养牛的经济效益,生产中使用青贮饲料应遵循以下原则。

(1)保质量。在取用青贮饲料时,一定要选用优质的青贮饲料。优质青贮饲料呈青绿或黄褐色,气味带有酒香,质地柔软湿润,可看到茎叶上的叶脉和绒毛。对于颜色发黑或呈深褐色,气味酸中带臭,甚至发霉、腐烂、变质的青贮饲料,切勿给肉牛饲用。如果饲喂了这些变质的青贮饲料,就会导致牛消化道的疾病,如果孕牛吃了还会引发流产。

(2)严取料。取用青贮饲料时,一定要从青贮窖的一端开口,按照一定厚度,自上而下分层取用,保持表面平整,要防止泥土的混入,切忌由一处挖洞掏取。每次取料数量以饲喂一天的量为宜。春季天气逐渐变暖,有害微生物繁殖速度加快,青贮饲料与空气接触时间较长,易造成青贮饲料发霉、变质等。因此,在青贮饲料取出后,应立即封闭青贮窖窖口,防止青贮池内进入过多空气。

(3)喂量适。青贮饲料具有一定的酸味,初喂时有的牛可能不习惯,应遵守由少到多、循序渐进的原则。与其他精料或干草混拌,第 1 次少放青贮饲料,以后逐渐加量,在空腹时饲喂,让其逐渐适应。由于青贮饲料含有大量氨基酸,具有轻泻作用,因此母畜妊娠后期不宜多喂,产前 15 d 停喂。一般情况下,犊牛断奶后,就可饲喂青贮饲料。成年牛青贮饲料的日饲喂量掌握在 10~15 kg 为宜,断奶后的犊牛为 5~10 kg。随着青绿饲料的饲喂量逐渐增加,青贮饲料的饲喂量可以适当减少。

(4)巧搭配。青贮饲料虽然是一种优质粗饲料,但饲喂时必须根据牛的实际需要与精饲料进行科学搭配,提高饲料的利用率。就配料而言,牛精饲料与青贮饲料(含水分)饲用比以 1:3~1:3.5 较合理。如果青贮饲料酸度较大,可在饲料中添加 5%~10% 的小苏打或用 1%~2% 的石灰水处理,冲洗后饲喂,以降低酸度,提高适口性,促进消化吸收。

65. 养牛日常应采取哪些预防传染病的措施?

答:日常应采取的预防传染病的措施包括防疫、免疫和检疫。

防疫主要是做好消毒、保健和灭蚊蝇等工作。消毒的目的是消灭病牛及带菌者排于外界的病原菌,以防止疾病的进一步蔓延。一般可分为预防消毒、临时消毒和终末消毒三种方法。

(1)预防消毒。对牛舍、管理用具、道路等定期消毒,在场门或牛舍入口处设置消毒池和消毒室。

(2)临时消毒:在发病时,对一切与病牛接触的用具、各种排泄物和牛床进行彻底消毒。

(3)终末消毒:病牛离开牛舍后,对病牛周围的一切器具、牛床,甚至痊愈牛的体表进行消毒。

免疫主要是接种,是提高牛对疾病尤其是传染病的抵抗力,达到防制和消灭疾病目的的有效方法。接种可分为预防接种和紧急接种。

(1)预防接种:例如每年进行一次无毒炭疽芽孢苗的预防接种。

(2)紧急接种:用抗血清如抗炭疽血清、抗气肿疽血清、抗出血性败血症血清等治疗病牛。

检疫的目的是及早发现病牛,及时采取措施加以扑灭。例如结核杆菌病的检验及布氏杆菌病检验等。

66. 如何快速识别病牛?

答:(1)看精神状态。健康牛精神活泼,耳目灵敏,对周围环境反应敏感。病牛则表现精神沉郁或兴奋不安。头低耳聋,双目半闭,呆立不动,对环境刺激反应迟钝,多见于一般慢性疾病或疾病后期;兴奋时病牛表现狂躁不安,前冲后撞不听呼唤。牛如果表现哞叫,以头顶物,乱奔乱跑,多见于脑炎或某些中毒性疾病。

(2)看被毛和皮肤。健康牛的被毛整齐而有光泽,不易脱落,皮肤颜色正常,无肿胀、溃烂、出血等。病牛被毛和皮肤经常发生各种不同的变化。患疥螨和湿疹的牛被毛成片地脱落,皮肤变厚变硬,出现瘙痒擦伤;在慢性消耗性疾病(结核寄生虫)和某些代谢性疾病时,表现被毛蓬乱无光泽、易脱落等。

(3)看姿势步态。健康牛步态稳健,动作自如。有病时表现为跛行、运步不协调等反常姿势。如破伤风,病牛表现头颈伸直,耳竖尾翘,腰腿僵直,行走时似木马;脑炎、脑膜炎时,病牛盲目运动,意识紊乱不听呼唤;牛的定向转圈运动是脑包虫病的表现。

(4)看呼吸动作。健康牛呼吸每分钟 10~12 次,呈平稳的胸腹式呼吸。病牛胸式呼吸时常见于腹腔器官疾病的急性腹膜炎、急性胃扩张、瘤胃臌气、腹壁外伤等以及膈肌疾病;病牛腹式呼吸时常见于某些胸腔器官疾病,如急性脑膜炎、胸膜肺炎、大量胸水,肺气肿和肋骨骨折等。

(5)看眼结膜。健康牛眼结膜呈淡粉红色。眼结膜苍白时多见于慢性消耗性疾病,如牛结核、焦虫病、慢性消化不良等;眼结膜潮红多见于发热性疾病,如牛肺炎、牛胃肠炎等。眼结膜发绀多见于循环障碍和呼吸困难的疾病,如牛肺疫、牛心肌炎、肠变位和中毒性疾病;眼结膜发黄多见于肝胆疾病、血液病及胃肠疾病等。

(6)看鼻镜和鼻腔。健康牛鼻镜露水成珠,表现不干不湿。在病理情况下,特别是在急性发热性疾病时,鼻镜鼻盘呈现干燥甚至干裂,如牛梨形虫病、牛出败等。看鼻腔包括鼻黏膜和鼻漏的检查,一般呈浆性、黏性或脓性且具恶臭味的鼻漏多见于牛肺疫。

(7)看粪便。正常的牛粪便具一定形状和硬度。排粪次数增多,粪便稀薄如水称为腹泻,见于牛肠炎、结核和副结核病;排粪减少,粪便干硬或表面附有黏液多为便秘,见于运动不足前胃疾病、瘤胃积食、肠阻塞、肠变位、热性病及某些神经系统疾病;排粪失禁见于严重下痢、腰荐部脊髓损伤和炎症、胸炎等;排粪时牛呈现痛苦不安、拱背甚至呻吟、鸣叫,但不能大量排出粪便的见于牛的创伤性网胃炎、肠炎、瘤胃积食、肠便秘、肠变位和某些神经系统疾病。

(8)看口色和舌苔。健康牛的口色呈淡红色,无舌苔。衰老体弱牛口色发淡。口色发红常见于热性疾病,如急性传染病、肠炎等;口色青紫是血液循环高度障碍、缺氧及血液浓缩的结果,常见于严重结症的中后期、肠变位、严重的胃肠炎及急性肺炎;口色发黄多见于焦虫病、胆结石等;口色发白常见于各型贫血、营养不良、寄生虫病、大失血、内脏破裂等。

(9)看饮食。食欲的好坏是牛健康的重要标志。食欲不良,时好时坏多见于慢性消化器官疾病;食欲废绝见于各种严重疾病,常为预后不良征兆;食欲亢进见于重病恢复期及消化器官功能变化不大而体内营养消耗过多的疾病等;食欲反常(异嗜)见于牛体内某些维生素、矿物质或微量元素缺乏及神经异常等。牛一般每天饮水 70~120 L,饮水量增多见于牛严重下痢、大出汗、呕吐、渗出性胸膜炎和腹膜炎以及用利尿剂后;饮水量减少见于牛意识昏迷的中枢神经系统疾病。饮欲绝废见于牛严重脑病及其他严重疾病。

(10)看反刍和嗳气。健康牛看食后 1 h 左右反刍,每次反刍持续1 h 左右,每个食团咀嚼 40~80 次,一昼夜反刍 4~8 次。当瘤胃积食、瘤胃膨气,创伤性网胃炎、前胃驰缓、胃肠炎、腹膜和肝脏的疾病,传染病和生殖器官系统疾病,代谢病和脑脊髓疾病时都有反刍障碍。嗳气是反刍兽正常性生理现象,借助嗳气将瘤胃内发酵气体排出体外,嗳气减弱常见于牛前胃疾病和某些热性疾病和传染病;嗳气完全停止多是牛食道梗塞的结果。

67. 引起牛食道阻塞的因素有哪些?

答:肉牛食道阻塞是一种急性病症,主要是由于食道局部被饲料、饲草或者其他异物堵塞而引起。该病通常在农村比较容易发生,尤其是春秋季节,往往是由于食入没有经过处理的块根、块茎饲料。肉牛比较常见的是颈部食道发生阻塞。

发生食管阻塞的病因可分成原发性和继发性两种。

原发性食管阻塞,主要是由于牛过度饥饿,或者严重抢食,快速食入萝卜、甘薯、马铃薯、甘蓝等块根饲料,或食入大块花生饼、豆饼、玉米棒以及青干草、干稻草、谷草,或者没有充分混合均匀的饲料等,没有经过充分咀嚼而过快吞咽导致。

继发性食管阻塞,主要是由于食管过于狭窄、扩张、麻痹以及患有食管炎而继发该病。另外,奶牛也会由于中枢神经过度兴奋,导致食管痉挛,从而在采食过程中发生食管阻塞。

68. 牛食道阻塞有哪些临床表现症状?

答:病牛表现出停止采食,严重惊恐、不安,体温保持在 38 ℃左右,且伸直头颈,不停摇头,张口伸舌,流涎,呼吸加速,咳嗽,频繁作吞咽动作,并从口角流出大量的泡沫状唾液,还会发出嘶哑的叫声。病牛左颈部食道下 1/3 处会发生明显隆起,且隆起处呈块状,触感较硬,进行触诊会伴有疼痛感。病牛左侧腹围显著增大,在左肷部进行触诊能够感觉弹性大,且比较空虚。探诊食道,会发现胃管插到食道隆起处就无法继续插入,即使强制进行灌水,会发现水从牛的鼻孔和口腔逆出。

69. 怎样采取综合措施治疗牛食道阻塞?

答:牛发生食道阻塞后应立即进行抢救治疗,迅速诊断出阻塞的类型以及部位,采取合适治疗方法,使牛尽快恢复健康。

(1)口取法。当病牛咽、喉头附近的食道存在阻塞物而引起的阻塞,可选择此方法治疗。操作时,必须先使用开口器打开病牛口腔,并固定其头部和开口器,然后一人从牛颈外部两侧将阻塞物推送到咽喉头部进行固定,另一人将手伸入到咽喉部位食道内将阻塞物取出,或者在阻塞物上用双折圆头铁丝进行圈套,也能够取出。

（2）推送法。病牛食道内先灌服 200 mL 植物油和 20 mL 普鲁卡因,用于润滑和麻醉食道,同时配合肌肉注射 5 mL 阿托品,促使食道平滑肌松弛,接着使用套管针进行瘤胃穿刺术,促使积聚在瘤胃内的大量气体被缓慢排出,助手可将阻塞物推动到咽部,适时采取铁丝套取的方式取出阻塞物。

（3）扩张法。通常深部胸部食道发生阻塞或者贲门附近食道发生阻塞时采取该方法治疗。主要通过酸碱中和反应会产生大量的酸气,从而对阻塞物进行冲击,使其进入到胃内。一般是用胃管将适量的小苏打溶液送入到阻塞物处,接着立即注入适量的稀盐酸溶液,并捏住胃管,同时用手在颈部食道进行按压,当有大量气体产生后,顺势将胃管向下推动,便于咽下阻塞物。

（4）打水法。将胃管一端送入到食道,使其顶住阻塞物,然后在另外一端与灌肠器的接头连接,接着将灌肠器插入到温水中,并开始持续向食道内注水,在 0.3~0.8 个大气压下就能够促使异物开始向下滑动,此时即可顺势推动胃管促使阻塞物进入到胃内。

（5）打气法。先进行保定,使用开口器打开口腔,略微使其头部放低,然后向食道内插入胃管,对阻塞部位进行试探,同时注入 2000 mL 温水,一段时间后倒出温水,再灌入 100 mL 润滑剂,如植物油或者石蜡油。此时,一人用手将咽头下面的食道和胃管按住,防止打入的空气逆反而出,另一人在胃管的另一端连接打气筒,快速打气 2~3 下,在其挣扎时阻塞物就会随着食道的扩张被推到胃内。之后通过胃管注入适量的温水,以检测食道畅通与否。这种治疗食道阻塞的方法既简单,操作安全,且见效快,经济实惠,不会出现继发病。

（6)手术治疗。当病牛采取其他治疗方式无效时可采取手术方法,即将食道切开,取出阻塞物。手术前,先使病牛呈右侧位进行保定,此时注意依旧进行瘤胃放气。根据阻塞部位确定术部,剪去术部被毛,并进行消毒,铺上创布,注射适量的 0.25% 普鲁卡因进行直线麻醉。在皮肤上沿着颈静脉平行的方向切 1 个比阻塞物略大的切口,对创内组织进行剥离,接着用创钩将创口扩入,促使术部充分暴露,然后进行止血。根据阻塞物寻找食道,接着将其取出置于创口外面,并放置在消毒纱布上,将阻塞物用大号针头扎住进行固定,然后在固定针头旁边 1 cm 左右处食道上切 1 个纵行切口,大小与阻塞物接近,用手指取出阻塞物,同时将固定用的针头拔掉,之后使用生理盐水进行彻底冲洗,并用消毒的纱布拭干,接着采取常规缝合,即先依次缝合食道黏膜、肌层,外层采取内翻结节缝合。缝合后要先进行清洗,擦拭干净后将食道隔离创布取下,将食道送回到原处,然后依次缝合肌膜及肌肉,同时撒布适量的磺胺或者青霉素粉,再将创口隔离创布取下,对皮肤采取结节缝合,立即涂抹适量的碘酊,并包扎绷带,最后解除保定。术后要根据病牛的状况采取补液,并使用适合的抗菌素, 如可静脉注射由 2000~3000 mL 葡萄糖盐水和 300~500 mL 5% 碳酸氢钠液组成的混合溶液,并肌肉注射由 800 万~1600 万 IU 青霉素和 300 万~500 万 IU 链霉素组成的混合药液,连续使用 3~5 d。注意手术当天病牛停止采食和饮水,术后第二天可适当饮水,经过 2 d 才能够饲喂少量的流食或者柔软的草料,经过 7 d 即可将皮肤缝合线拆除,并涂抹适量的碘酊。

70. 引起瘤胃积食的因素有哪些?

答:瘤胃积食,又名瘤胃阻塞、急性瘤胃扩张、瘤胃食滞症,中兽医称之为宿草不转,是反刍动物贪食大量粗纤维饲料或容易膨胀的饲料引起瘤胃扩张,瘤胃容积增大,内容物停滞和阻塞以及整个前胃机能障碍形成脱水和毒血症的一种严重疾病。

过度采食粗饲料是引起瘤胃积食的主要原因,如牛因处于饥饿状态、暴食、贪食是急性病例的重要原因,过食大量富含粗纤维的饲料,例如:秋季过食枯老的甘薯藤、黄豆秸、花生秸等植物,缺乏饮水或采食质量低劣的粗饲料而缺少精料或优质干草。伴有异食现象的成年母牛,采食污秽物、木材、骨、粪便、垫草、牛场上的煤渣、塑料制品及产后吞食胎衣都可造成瘤胃阻塞或不全阻塞。

71. 牛瘤胃积食有哪些临床表现症状?

答:瘤胃积食多表现为初期有轻度腹痛症状,反复蹲下起来,几小时后消失,常不被饲养人员发现,之后腹围明显增大,且两侧都增大,瘤胃触诊坚实,内容物上有气体盖着,排粪减少到停止,如不投服大量泻盐或转为肠炎,不会发生腹泻。

如时间拖长,可转为中毒性瘤胃炎和肠炎,中毒性瘤胃炎的特征是瘤胃内容物呈稠的糊状、恶臭,弱酸性反应。拉舌或投胃管时,可诱使这样的内容物向口腔反流。直肠检查可感到瘤胃腹囊后移到盆腔入口前缘,背囊向上右方靠,手指压迫坚实如沙袋,病牛表现为退让或发出哼声,呼吸浅表、增数,心率加快,体温正常,精神沉郁,有一定的脱水现象,如一周内不见好转,大多数死亡。

72. 怎样采取综合措施治疗牛瘤胃积食?

答:应加强饲养管理,防止过食,避免突然更换饲料,粗饲料要适当加工软化后再喂。治疗应及时清除瘤胃内容物,恢复瘤胃蠕动,解除酸中毒。

（1）按摩疗法。在牛的左肷部用手掌按摩瘤胃，每次 5~10 min，每隔 30 分钟按摩一次。结合灌服大量的温水，则效果更好。

（2）腹泻疗法。硫酸镁或硫酸钠 500~800 g，加水 1000 mL，液体石蜡油或植物油 1000~1500 mL，给牛灌服，加速排出瘤胃内容物。

（3）促蠕动疗法。可用兴奋瘤胃蠕动的药物，如 10%高渗氯化钠 300~500 mL 静脉注射，同时用新斯的明 20~60 mL 肌注能收到好的治疗效果。

（4）洗胃疗法。用直径 4~5 cm、长 250~300 cm 的胶管或塑料管一条，经牛口腔导入瘤胃内，然后来回抽动，以刺激瘤胃收缩，使瘤胃内液状物经导管流出。若瘤胃内容物不能自动流出，可在导管另一端连接漏斗，向瘤胃内注温水 3000~4000 mL，待漏斗内液体全部流入导管内时，取下漏斗并放低牛头和导管，用虹吸法将瘤胃内容物引出体外。如此反复，即可将内容物洗出。

（5）支持疗法。病牛饮食欲废绝，脱水明显时，应静脉补液，同时补碱，如用 25%的葡萄糖 500~1000 mL，复方氯化钠液或 5%糖盐水 3~4 L，5%碳酸氢钠液 500~1000 mL 等，一次静脉注射。

（6）切开瘤胃疗法。重症而顽固的积食，应用药物不见效果时，可行瘤胃切开术，取出瘤胃内容物。

73. 引起瘤胃臌气的因素有哪些?

答：瘤胃臌胀又称瘤胃臌气，中兽医称瘤胃臌胀为气胀病或肚胀，是因前胃神经反应性降低、收缩力减弱，采食了容易发酵的饲料，在瘤胃内微生物的作用下，异常发酵，产生大量气体，引起瘤胃和网胃急剧臌胀，膈与胸腔脏器受到压迫，呼吸与血液循环障碍，发生窒息现象的一种疾病。

瘤胃臌胀按病因分为原发性和继发性臌胀;按病的性质为分泡沫性和非泡沫性臌胀。

原发性瘤胃臌胀是由于反刍动物直接饱食容易发酵的饲草、饲料而引起的。继发性瘤胃臌胀常继发于前胃弛缓、创伤性网胃炎、瓣胃阻塞、食管阻塞、食管痉挛等疾病。

泡沫性瘤胃臌胀是由于反刍动物采食了大量含蛋白质、皂甙、果胶等物质的豆科牧草,如新鲜的豌豆蔓叶、苕子蔓叶、花生蔓叶、苜蓿、草木樨、红三叶、紫云英等,生成稳定的泡沫所致。喂饲较多量的谷物性饲料,如玉米粉、小麦粉等也能引起泡沫性臌气。

非泡沫性瘤胃臌胀又称游离气体性瘤胃臌胀,主要是由于采食了产生一般性气体的牧草,如幼嫩多汁的青草、沼泽地区的水草、湖滩的芦苗等,或是采食堆积发热的青草、霉败饲草、品质不良的青贮饲料或经雨淋、水浸渍、霜冻的饲料等而引起的。

继发性病例主要见于前胃弛缓、创伤性网胃腹膜炎、网胃或食道沟因异物导致的炎症、因调节胃蠕动的迷走神经发生障碍所致的消化不良、食道梗塞以及食道狭窄等情况下,嗳气反射不能正常进行时,往往反复引起轻度或中等程度的气体蓄积。继发性瘤胃臌气多发于6个月龄前后的犊牛和圈养的育成牛。

74. 牛瘤胃臌气有哪些临床表现症状?

答:无论是原发性还是继发性瘤胃臌气病,都表现为左侧肷部臌胀,继发性的程度较轻。

原发性瘤胃臌气时,病牛表现不安,时而躺下时而站起,一会儿踢腹,一会儿打滚,而且嘴边沾附许多泡沫,表现出呼吸极度困难的状态。有发病后经过数分钟就死的,也有经过3~4 h不死的。虽然临床症状各有不同,但如果不及时治疗,病牛就会因呼吸困难窒息而死亡。

继发性瘤胃臌气时,病初瘤胃蠕动反而亢进,不久便呈弛缓状态,而且与原发性病例一样,可见到呼吸困难和脉搏数增加,可视黏膜发绀,食欲废绝,瘤胃蠕动和反刍机能减退,全身状态日趋恶化。在临床上继发性瘤胃臌气反而比原发性瘤胃臌气难以治愈而且反复发作,不能彻底痊愈的病例也比较多见。

75. 怎样采取综合措施治疗牛瘤胃臌气?

答:治疗原则是排除气体、理气消胀、强心补液、健胃消食、恢复瘤胃蠕动。

(1)病情轻的病例,使病牛立于斜坡上,保持前高后低姿势,不断牵引其舌或者在木棒上涂煤油或菜油后给病牛衔在口内,同时按摩瘤胃,促进气体排出。若通过上述处理,效果不显著时,可用松节油 20~30 mL、鱼石脂 10~20 g、酒精 30~50 mL、温水适量,一次内服,或者内服 8%氧化镁溶液 600~1500 mL 或生石灰水 1000~3000 mL 上清液,具有止酵消胀作用。也可灌服胡麻油合剂:胡麻油(或清油) 500 mL、芳香氨醑 40 mL、松节油 30 mL、樟脑醑 30 mL,水适量,成年牛一次灌服。

(2)严重病例,当有窒息危险时,首先应实行胃管放气或用套管针穿刺放气(间歇性放气),防止窒息。非泡沫性臌胀,放气后,为防止内容物发酵,宜用鱼石脂 15~25 g、酒精 100 mL、水 1000 mL,一次内服或从套管针内注入生石灰水或 8%氧化镁溶液,或者稀盐酸 10~30 mL,加水适量。此外在放气后,用 0.25%普鲁卡因溶液 50~100 mL 将 4×400 万 IU 青霉素稀释,注入瘤胃。

（3）泡沫性臌胀，以灭沫消胀为目的，宜内服表面活性药物，如二甲基硅油 2~4 g、消胀片（每片含二甲基硅油 25 mg、氢氧化铝 40 mg，100~150 片/次）。也可用松节油 30~40 mL、液体石蜡 500~1000 mL、常水适量，一次内服，或者用菜籽油（豆油、棉籽油、花生油）300~500 mL、温水 500~1000 mL 制成油乳剂，一次内服。民间用油脚或奶油灭沫消胀。当药物治疗效果不显著时，应立即施行瘤胃切开术，取出内容物。

（4）调节瘤胃内容物 pH 可用 3%碳酸氢钠溶液洗涤瘤胃，排除胃内容物，可用盐类或油类泻剂。兴奋副交感神经、促进瘤胃蠕动，有利于反刍和暖气，可皮下注射毛果芸香碱或新斯的明。在治疗过程中，应注意全身机能状态，及时强心补液，增进治疗效果。

（5）接种瘤胃液。在排除瘤胃气体或瘤胃手术后，采取健康牛的瘤胃液 3~6 L 进行接种。

（6）慢性瘤胃臌胀的治疗：因慢性瘤胃臌胀多为继发性瘤胃臌胀，因此，除应用急性瘤胃臌胀的疗法，缓解臌胀症状外，还必须治疗原发病。

76. 如何防治尿素中毒?

答：尿素是农业上广泛应用的一种速效肥料，它又可以作为牛的蛋白质饲料，因为它是一种非蛋白质含氮化合物，反刍动物（包括牛）瘤胃内的微生物可将尿素或铵盐中的非蛋白氮转化为蛋白质，故成为蛋白质饲料的替代品，利用价值比较高。因此，肉牛养殖中常利用尿素或铵盐加入日粮和青贮饲料中，或作稻草和麦秸的氨化喂牛。

牛的瘤胃微生物具有利用尿素合成蛋白质的能力，因此生产上为了应对蛋白质饲料的不足和降低精料补充料的成本,常常应用尿素替代蛋白质饲料以节约蛋白质。当饲喂尿素、双缩脲和双铵磷酸盐量过多或方法不当时,能产生大量的氨,而瘤胃微生物不能在短时间内利用,大量的氨进入血液、肝脏等组织器官,致使血氨增高而侵害神经系统,造成中毒。

(1)病因分析:日粮中蛋白质水平较高,却还添加尿素;日粮中蛋白质水平尽管不高,但添加尿素总量过多;使用尿素时没有设置过渡期,突然大量使用;尿素和精料补充料混合不均匀;1 次饲喂 1 d 的用量;将尿素溶于水中饮服;饲喂添加尿素的日粮后 1 h 内饮水;6 月龄以下犊牛使用等。

(2)临床症状:尿素中毒在很短时间内就出现症状,饲喂后 0.5~1.0 h 发病,临床上表现为反刍减少或停止,瘤胃迟缓,唾液分泌过多,伴有泡沫、呻吟、肌肉颤抖、步态不稳、呼吸困难、脉搏增数(100 次/min),体温升高,进一步发展时出现全身性痉挛,最后窒息死亡。

(3)综合疗法:病初可用 2%~3% 的醋酸溶液 2000 mL,加白糖 500 g,水 2000 mL,一次灌服;为降低血氨浓度,改善中枢神经系统功能,可用谷氨酸钠注射液 200~300 mL,用等渗糖溶液 3000 mL 或 10% 葡萄糖液 2000 mL 稀释后,静脉滴注,每日 1 次;有高血钾症时不可用钾盐;瘤胃臌气严重时,可穿刺放气;可用苯巴比妥抑制痉挛,每千克体重 10 mL;出现呼吸中枢抑制时,可用安钠咖、尼可刹米等中枢兴奋药解救。

不能把尿素溶解于水里进行饲喂;饲喂尿素时必须供给充足的碳水化合物;不能与大豆混合饲喂,以防脲酶的分解作用,使尿素迅速分解加快;瘤胃机能尚未健全的犊牛不宜饲喂添加尿素的日粮。

77. 牛瘤胃酸中毒的原因有哪些?

答:牛瘤胃酸中毒是因采食大量的谷类或其他富含碳水化合物的饲料后,导致瘤胃内产生大量乳酸而引起的一种急性代谢性酸中毒。其特征为消化障碍、瘤胃运动停滞、脱水、酸血症、运动失调、衰弱,常导致死亡。本病又称乳酸中毒、反刍动物过食谷物、谷物性积食、乳酸性消化不良、中毒性消化不良、中毒性积食等。

(1)给牛饲喂大量谷物,如大麦、小麦、玉米、稻谷、高粱及甘薯干,特别是粉碎后的谷物,在瘤胃内高度发酵,产生大量的乳酸而引起瘤胃酸中毒。舍饲肉牛若不按照由高粗饲料向高精饲料逐渐变换的方式,而是突然饲喂高精饲料时,易发生瘤胃酸中毒。

(2)饲养管理不当,牛闯进饲料房、粮食或饲料仓库或晒谷场,短时间内采食了大量的谷物或豆类、畜禽的配合饲料,而发生急性瘤胃酸中毒。

(3)当牛采食苹果、青玉米、甘薯、马铃薯、甜菜及发酵不全的酸湿谷物的量过多时,也可发病。

78. 牛瘤胃酸中毒有哪些临床表现症状?

答:轻微瘤胃酸中毒的病例,病牛表现神情恐惧,食欲减退,反刍减少,瘤胃蠕动减弱,瘤胃胀满,呈轻度腹痛,间或后肢踢腹,粪便松软或腹泻。若病情稳定,无须任何治疗,3~4 d 能自动恢复进食。

中度瘤胃酸中毒的病例,病牛精神沉郁,鼻镜干燥,食欲废绝,反刍停止,空口虚嚼,流涎,磨牙,粪便稀软或呈水样,有酸臭味。体温正常或偏低,如果在炎热季节,患畜暴晒于阳光下,体温也可升高至 41 ℃。呼吸急促,达 50 次/min 以上;脉搏加快,达 80~100 次/min。

瘤胃蠕动音减弱或消失,听-叩结合检查有明显的钢管叩击音。以粗饲料为日粮的牛在吞食大量谷物之后发病,进行瘤胃触诊时,瘤胃内容物坚实或呈面团感。而吞食少量发病的病牛,瘤胃并不胀满。过食黄豆、苕子者不常腹泻,但有明显的瘤胃臌胀。病牛皮肤干燥、弹性降低,眼窝凹陷,尿量减少或无尿,血液暗红、黏稠,病牛虚弱或卧地不起。

重剧性瘤胃酸中毒的病例,病牛蹒跚而行,碰撞物体,眼反射减弱或消失,瞳孔对光反射迟钝,卧地,头回视腹部,对任何刺激的反应都明显下降;有的病牛兴奋不安,向前狂奔或转圈运动,视觉障碍,以角抵墙,无法控制。随病情发展,后肢麻痹、瘫痪,卧地不起,最后角弓反张,昏迷而死。重症病例实验室检查的各项变化出现更早,发展更快,变化更明显。

最急性病例,往往在采食谷类饲料后 3~5 h 内无明显症状而突然死亡,有的仅见精神沉郁、昏迷,而后很快死亡。

对轻度瘤胃酸中毒病牛,若及时改进饲养方式,数天内可康复。急性瘤胃酸中毒时,病牛食欲废绝,反刍停止,瘤胃胀满,呈现神经症状、脱水,全身衰弱,卧地,经过急救治疗,虽然病情有所好转,但部分病例在 3~4 d 内又重新复发,病情加剧,这可能是由严重的霉菌性瘤胃炎所致,若继发弥漫性腹膜炎,常于 2~3 d 内死亡。重剧性瘤胃酸中毒,病牛瘤胃积液,呼吸急促,心率加快达 120 次/min 以上,血液浓缩,脱水严重,常于 24 h 内死亡。

79. 怎样采取综合措施治疗牛瘤胃酸中毒?

答:治疗牛瘤胃酸中毒的原则为加强护理,清除瘤胃内容物,纠正酸中毒,补充体液,恢复瘤胃蠕动。

(1)重剧病牛(心率 100 次/min 以上,瘤胃内容物 pH 降至 5 以下)宜行瘤胃切开术,排空内容物,用 3%碳酸氢钠或温水洗涤瘤胃数次,尽可能彻底地洗去乳酸。然后,向瘤胃内放置适量轻泻剂和优质干草,条件允许时可给予正常瘤胃内容物。并静脉注射钙制剂和补液。若发生酸、碱或电解质平衡失调,应补充碳酸氢钠。

(2)病牛临床症状不太严重或病牛数量大,不能全部进行瘤胃切开术时,可采取洗胃治疗,即使用大口径胃管以 1%~3%碳酸氢钠液或 5%氧化镁液、温水反复冲洗瘤胃,通常需要 30~80 L 的量分数次洗涤,排液应充分,以保证效果。冲洗后瘤胃内可投限碱性药物(碳酸氢钠或氧化镁 300~500 g 或用碳酸盐缓冲剂),补充钙制剂和体液;也可用石灰水(生石灰 1 kg,加水 5 kg,充分搅拌,用其上清液)洗胃,直至胃液呈碱性为止,最后再灌入 500~10 000 mL(根据动物体格大小决定灌入量)。因为瘤胃仍处于弛缓状态,应避免大量饮水,以防出现瘤胃臌胀。瘤胃恢复蠕动后,即可自由饮水。因条件所限而不能采取洗胃治疗的病牛,可按每 100 kg 体重静脉注射 5%碳酸氢钠注射液 1000 mL,并投服氧化镁或氢氧化镁等碱性药物后,服用青霉素溶液,以促进乳酸中和以及抑制瘤胃内牛链球菌的繁殖。当脱水表现明显时,可用 5%葡萄糖氯化钠注射液 3000~5000 mL、20%安钠咖注射液 10~20 mL、40%乌洛托品注射液 40 mL,静脉注射。为促进胃肠道内酸性物质的排除,促进胃肠机能恢复,在灌服碱性药物 1~2 h 后,可服缓泻剂如牛用液体石蜡 500~1500 mL。

(3)为防止继发瘤胃炎、急性腹膜炎或蹄叶炎,消除过敏反应,可静脉注射曲吡那敏(扑敏宁)60~100 mg/kg 体重,肌肉注射盐酸异丙嗪 50~200 mg/kg 体重或苯海拉明 120~240 mg/kg 体重等药物。

(4)在患病过程中,出现休克症状时,宜用地塞米松 60~100 mg

静脉或肌肉注射。血钙下降时，可用 10% 葡萄糖酸钙注射液 300~500 mL 静脉注射。

（5）病牛心率低于 100 次/min，轻度脱水，瘤胃尚有一定蠕动功能，则只需投服抗酸药、促反刍药和补充钙剂即可。

（6）过食黄豆的病牛，发生神经症状时，用镇静剂，如安溴注射液 100 mL，静脉注射或盐酸氯丙嗪 0.5~1.0 mg/kg，肌肉注射，再用 10% 硫代硫酸钠 150~200 mL，静脉注射，同时应用 10% 维生素 C 注射液 30 mL，肌肉注射。为降低颅内压，防止脑水肿，缓解神经症状可应用甘露醇或山梨醇，按每千克体重 0.5~1.0 g 剂量，用 5% 葡萄糖氯化钠注射液以 1:4 的比例配制，静脉注射。

（7）在最初 18~24 h 要限制饮水量，在恢复阶段，应喂以品质良好的干草而不应投食谷物和配合精饲料，以后再逐渐加入谷物和配合饲料。

（8）肉牛应以正常的日粮水平饲喂，不可随意加料或补料。肉牛由高粗饲料向高精饲料的变换要逐步进行，应有一个适应期。防止牛闯入饲料房、仓库、晒谷场，暴食谷物、豆类及配合饲料。

80. 母牛流产引起的原因有哪些？

答：流产是由于胎儿或母体的生理过程发生紊乱，或它们之间的正常关系受到破坏，而使怀孕中断。流产可发生在怀孕的各个阶段，但以怀孕早期为多见。流产所造成的损失甚大，不仅使胎儿夭折或发育不良，而且常损害母体健康，使生产能力降低，严重影响畜牧业发展。

引起流产的原因很多，大致可分为非传染性流产、传染性流产和寄生虫性流产三类。

(1)非传染性流产(普通流产)主要原因有九种。

饲养性流产:包括饲料品质不佳、饲喂量不足或营养成分不全。如饲喂发霉、腐败、有毒的饲料,常能引起怀孕母畜流产;草料严重不足,母畜长期处于饥饿状态,胎儿得不到所需的营养,就会造成流产或早产;日粮中缺乏某种维生素、矿物质和微量元素时,胎儿的生长发育受到影响,可引起流产或胎儿出生后孱弱。

管理不当性流产:怀孕动物与其他动物角斗或被挫伤、撞伤、挤伤,怀孕后剧烈奔跑或使役过度,均可诱发子宫收缩而引起流产。

配种及医疗错误性流产:母畜本已怀孕而被误认为空怀,强行配种或人工授精,往往引起流产。临床上,给怀孕动物进行全身麻醉、腹腔手术及使用大剂量利尿药、驱虫药、泻下药和误服中药或妊娠禁忌药等,均能引起流产。近几年发现,对怀孕动物应用地塞米松、磺胺二甲基嘧啶、三合激素等,引起流产的情况较多。

症状性流产:是孕畜某些疾病的症状之一。主要见于怀孕动物生殖器官疾病、胎儿发育异常、生殖激素失调及某些非传染性全身性疾病的经过之中。

生殖器官疾病性流产:母畜生殖器官疾病所造成的流产较多。例如,患局限性慢性子宫内膜炎时,交配可以受孕,但在怀孕期间,如果原有的局限性炎症逐渐发展扩散,则胎儿受到侵害,就会死亡。患阴道脱出、阴道炎及子宫颈炎时,炎症可以破坏子宫颈黏液塞,向子宫蔓延,引起胎膜发炎,危害胎儿,导致胎儿死亡或流产。

胎儿及胎盘发育异常性流产:精子或卵子有缺陷,所形成的受精卵生命力低下,胚胎发育至某个阶段而死亡。胎膜水肿、胎盘上的绒毛变性、胎水过多等病变,可影响胎儿的生长发育或导致胎儿死亡而流产。

生殖激素失调性流产:怀孕以后,雌性动物子宫的机能状况及内环境的变化受激素的影响,其中直接有关的是孕酮和雌激素。当激素作用紊乱时,子宫的机能活动和内环境变化不能适应胚胎发育的需要,胚胎发育会受到影响或出现早期死亡。

非传染性全身性疾病性流产:牛羊的瘤胃臌气,可反射性地引起子宫收缩;牛顽固性前胃弛缓及真胃阻塞,拖延日久,导致机体衰竭,胎儿得不到营养;各种动物的妊娠毒血症等都会发生流产。此外,凡是能引起怀孕牛体温升高、呼吸困难、高度贫血的疾病,均可能发生流产。

习惯性流产:有的孕畜每当怀孕至一定时期时就发生流产。多半是由子宫内膜变性、硬结及瘢痕,子宫发育不全,近亲繁殖及卵巢机能障碍等所引起的。

(2)传染性流产:如牛、羊的布氏杆菌病、沙门氏杆菌病、牛结核病、病毒性下痢及胎儿弧菌病等会发生自发性流产;又如牛和羊钩端螺旋体病会发生症状性流产。

(3)寄生虫性流产:如毛滴虫病、弓形虫病、鞭虫病、梨形虫病等,常会导致怀孕牛流产。

81. 如何预防母牛流产?

答:防止母牛流产,做好保胎工作,可以采取以下措施。

(1)科学饲养。保证妊娠母牛的营养,要给予孕牛富含维生素A、维生素 B_2、矿物质、微量元素等营养丰富、全面的优质饲料,防止胎儿因营养不足或营养不平衡而中途死亡,以保证早期胚胎的正常发育需要。建议使用高档母牛预混料配制精料,不能急剧改变饲料种类、饲料配方和饲养管理方法,不喂霜草、霉草、冰冻及腐败变质的饲料,以及马铃薯、棉籽饼等含毒素的饲料,防止中毒引起流产。要给予充足清洁饮水,孕牛出汗、空腹时不给饮冷水。冬季要做好保暖防寒措施。

(2)加强检疫。对可引发流产的结核病、沙门氏杆菌病、布氏杆菌病进行有效的防控。不从疫区引进家畜,如必须引进时,应从无病地区引进,并在隔离条件下进行检疫、饲养,确定无病后方可混群。

(3)加强管护。母牛在妊娠期要管理和护理好,特别是在怀孕后期,由于胎儿生长迅速,母牛腹围增大,行动缓慢,如管理不当,容易引起流产、早产。饲养员要熟悉妊娠母牛的脾气,栏圈要宽敞,保证母牛有充足的光照和运动,防止挤撞,最好是单圈、单槽饲养。牛舍的地面应防滑,防止孕牛受挤压、碰撞,不可鞭打孕牛,防其受惊吓。

(4)操作卫生。严格执行人工授精操作规程,严格执行先查胎、再配种的原则。助产及人工授精时,注意严格消毒。

(5)药物预防。有流产病史的患牛,为防止再次流产,可根据上次流产的孕期提前 15~20 d 每头肌肉注射黄体酮 5~10 mL(每毫升含黄体酮 10 mg),而后隔 1 日注射 1 次,连用 3~4 次。对孕牛用药时,有产生流产副作用的药物不能使用。

有"六不"的经验,可以参照运用。"一不混":妊娠母牛不和其他牛混牧、混养,以防挤撞、顶架或乱配而引起流产。"二不打":不打冷鞭,不打头部、腹部。"三不喂":不喂霜、冻、霉烂的饲草和饲料。"四不饮":冬季冷水不饮,冰水不饮,夏季渴后慢饮,役后慢饮。"五不赶":吃饱饮足后不赶,重役不赶,坏天气不赶,路滑不赶,快到家不急赶。"六不用":配后、产前、产后、过饱、过饥、病时不用。

82. 母牛产后出现胎衣不下应如何处置？

答：母牛分娩后，一般在 12 h 以内完整、顺利地将胎衣排出。若超过 12 h 仍不能完整排出胎衣，则称胎衣不下或胎衣滞留母牛，应及时处理。

（1）当出现胎衣不下时，最好的办法是人工剥离（产后 24 h 内）。但是，由于剥离胎衣的技术水平要求较高，剥离时间较长，加上气味难闻和人工造成的感染，带来的问题也较多。因此，目前都采取保守疗法。

（2）土霉素 5~10 g，利凡诺 0.5 g，蒸馏水 400~500 mL。子宫内灌注，每日或隔日 1 次，连用 4~7 次。第 1~2 次子宫注入量要达到 500 mL，以后逐渐减少。冬季处理 3~5 次，夏季处理 5~7 次。

（3）四环素 6~15 g，50% 葡萄糖 500 mL，分娩后第 1 d 进行子宫冲洗，第 5 d 如果仍无法用手轻轻拉出胎衣，则重复冲洗 1 次。

（4）10% 氯化钠 500 mL，子宫灌注。隔日 1 次，连用 4~5 次，让胎衣自行排出。

（5）为增强子宫收缩，可用垂体后叶素 100 UL 或新斯的明 20~30 mg 等药物，肌肉注射，促使排出胎衣。

83. 生产实践采取哪些措施可有效预防母牛产后胎衣不下？

答：（1）加强饲养，降低流产、难产、死产的发生率，纠正母牛不平衡的日粮及营养不良。妊娠后期，注意饲料营养的合理搭配及矿物质的补充，特别是钙与磷的比例要适当。产前 1 周内精料不要过多饲喂，并增加光照。同时，加强产科管理。

（2）母牛分娩后，尽早让其舔干犊牛身上的液体；或事先准备一干净盆，待产时胎膜破裂后，将羊水接入盆内，加温到38 ℃左右，等奶牛分娩后即让其饮用；或饮益母草、当归水，红糖汤，温麸皮盐水等，都可以预防胎衣不下。

（3）如果分娩8~10 h，不见胎衣排出，可肌肉注射催产素100IU，同时静脉注射10%~15%葡萄糖酸钙500 mL。

（4）产犊前后要使牛有足够的运动及舒适的产房，可减少胎衣不下的发生率。

84. 犊牛腹泻的发病原因有哪些？

答：犊牛腹泻又称犊牛拉稀，一年四季均可发生，是犊牛常发的一种胃肠疾病。犊牛常在出生后2~3 d开始发病，对犊牛的发育、生长、成活等有很大影响。犊牛腹泻的发生，与胎儿发育期的条件以及外界环境的影响有关。因地区和季节等的不同，犊牛患腹泻的情况也不一样。

（1）细菌引起。产肠毒素性埃希氏大肠杆菌（ETEC）、弯曲杆菌、沙门氏杆菌、产气荚膜梭状芽孢杆菌等均可引起犊牛腹泻。而ETEC是引起1周龄内的犊牛腹泻的主要细菌，其侵入犊牛体内后释放一种或两种肠毒素而导致犊牛腹泻。产气荚膜梭状芽孢杆菌是犊牛患肠毒血症的病原菌。

（2）病毒引起。轮状病毒、冠状病毒、星形病毒、盏形病毒、微病毒等都可引起犊牛腹泻，而轮状病毒和冠状病毒起着重要的病原学作用。

（3）母牛饲养管理不当引起。

①母牛妊娠期间如果日粮不平衡、不全价，缺乏运动，则使母牛

的营养代谢过程发生紊乱,结果使胎儿在母体内的正常发育受到影响,导致新生犊牛发育不良、体质衰弱、抵抗力低下,出生后的最初几天,几乎都易患腹泻。

②母牛的乳房和乳头不干净,或用患乳房炎母牛的乳汁喂犊牛,也可能是引起犊牛腹泻的另一种途径。

③营养不良的母牛初乳质量差、分泌少,免疫球蛋白含量低下,新生犊牛在产后几小时内未能吃到初乳,极易引起消化不良性腹泻。

④初胎牛引起腹泻发病率高。初胎母牛的初乳少,乳汁差,所含的免疫球蛋白浓度低;初胎母牛照料犊牛的能力差,犊牛常不能吃到足够的初乳;难产率高,对犊牛的应激作用大,分娩时又大多需要助产,人为污染机会多。

(4)犊牛的饲养、管理及护理不良引起。

①犊牛舍过于潮湿或机体受寒。初生犊牛的体温调节不健全,对潮湿和寒冷适应能力很弱,最易发生消化不良性腹泻。

②卫生条件不良。饲喂犊牛的乳汁不洁,饲槽、饲具污秽不洁,牛舍不清洁(牛栏、牛床久不清扫,不消毒,垫草长时间不更换致粪尿积聚而脏污等),从而增加了发病机会。

③哺乳不定。人工哺乳不定时、不定量、不定牛乳的温度,可妨碍消化机能的正常活动而致病。

④喂养方法不同。据调查,如用带奶头的哺乳瓶或吊桶喂奶时,因腹泻而死亡的犊牛要达到9.4%,而改用哺乳桶喂奶时则为6.9%。

⑤哺乳期犊牛补料不当。由母乳改向饲料饲喂过渡时,断奶过急,或补给饲料在质量上或调制上不适当,则易使犊牛的胃肠道受刺激而发生消化不良性腹泻。

⑥畜舍通风不良、闷热拥挤,缺乏阳光阴暗潮湿等,均可促进病的发生。

⑦哺乳时间过晚,犊牛因饥饿而舐食污物,致使肠道内乳酸菌的活动受限制,乳酸缺乏,肠内腐败菌大量繁殖,从而破坏对乳汁的正常消化作用。

（5）应激引起。由于新生犊牛消化器官的结构和功能发育不够完善,对外界环境的适应性差,所以在一些不良因素,如冷、热、噪声等的作用下常导致犊牛消化系统紊乱,发生营养障碍。例如,在人工喂奶时,精神和环境方面也会给犊牛造成应激作用并影响其对初乳牛免疫球蛋白的吸收,从而降低犊牛的抗病力,引起腹泻;又如,当犊牛受到恶劣气候以及大量摄入全乳等各种应激出现时,消化机能减弱,肠道内发生急剧变化,肠毒素型大肠杆菌或产气荚膜梭状菌则易侵入体内并大量增殖,从而引起下痢或肠毒血症的发生。

（6）隐孢子虫引起。隐孢子虫是一种原生动物(球虫),可导致新生犊牛暴发腹泻。隐孢子虫常寄生在犊牛空肠及回肠并吸附在肠细胞微绒毛上,只感染 4 日龄以内的犊牛,以 6~17 日龄的犊牛多发,通过消化道感染,死亡率可达 30%。

85. 如何治疗犊牛腹泻?

答:由于引起犊牛腹泻的原因是多方面的,故对本病的治疗,应采取包括改善卫生条件、食饵疗法、药物疗法、补液疗法等措施的综合疗法。维护心脏血管机能,改善物质代谢,抑菌消炎,防止酸中毒,制止胃肠道的发酵和腐败过程是治疗犊牛腹泻的原则。

（1）首先应将病犊置于干燥、温暖、清洁、单独的牛舍或牛栏内,并厚铺干燥、清洁的垫草(特别是哺乳期的犊牛);消除病因,加强饲养管理,注意护理。

(2)为缓解胃肠道的刺激作用,应根据病情减少哺乳次数或令患犊禁乳(绝食)8~10 h,在此期间可喂给葡萄糖生理盐水,每次300 mL。清理胃肠可用缓泻剂(盐类或油类缓泻剂)。

(3)为恢复胃肠功能,可给予帮助消化的药物:口服生理盐水、胃蛋白酶、乳酶生、酵母等。

(4)对于因为营养缺乏而引起的腹泻,可内服营养汤:氯化钠、碳酸氢钠各 4.8 g,葡萄糖 20 g,甘氨酸 10 g,溶于 1000 mL 水内,灌服。并采取对症疗法。

(5)对于缺硒引起的腹泻,可用亚硒酸钠 10 片,拌水灌服。

(6)对肠毒血症之类的疾病,抗菌药物治疗一般无效,必须给所有的犊牛投喂抗毒素,以防止本病蔓延。

(7)对于球虫(隐孢子虫)引起的犊牛腹泻,磺胺类药物(如磺胺胍)或氨丙嘧啶有一定效果。氯氨灭球灵、氨丙啉和氯甲羟吡啶是治疗球虫病较有效的药物,使用剂量依次为每千克体重 40 mg、50 mg、20 mg,经 3~5 d 治疗,粪便中的血液和肠黏膜分泌物消失,再经过 2 d,腹泻停止。

(8)为制止肠内腐败、发酵过程,除应用抗生素和磺胺类药外,也可适当选用乳酸、克辽林等防腐制酵药物。

(9)对持续腹泻不止的犊牛,可应用明矾、次硝酸铋、硅酸银、颠茄酊(或流浸膏),内服。

(10)为缓解酸中毒,可静脉注射 5%碳酸氢钠注射液,每次 100~200 mL,或静脉注射 1.9%乳酸钠溶液 500~1000 mL。

犊牛腹泻单纯依靠药物治疗还不够,必须及时补充体液。这是因为犊牛腹泻会使体液以及电解质大量损失，从而引起犊牛脱水。所以要预先准确估计出体液损失情况,并依次补给必要的体液。

86. 犊牛肺炎的发病原因有哪些?

答:犊牛肺炎是指患牛肺组织发生卡他性炎症或是卡他性-格鲁性炎症病变,是犊牛比较常见和多发的呼吸系统疾病,也是犊牛呼吸系统疾病中危害最为严重的疾病之一。犊牛发生肺炎的病因是受到多种因素影响的,肺炎的发生和犊牛呼吸器官的发育不全、器官功能不完善有直接的关系,同时,还有很多因素难以控制。

（1）病从口入。给犊牛饲喂长期放置于牛舍的抗奶,这些奶因为长期的放置,早已被污染,含有大量有害菌,也包括会使犊牛发生肺炎的病菌。犊牛长期喝这些抗奶,肺部就会受到感染,因为犊牛治疗时使用的抗生素与抗奶中抗生素相同,所以,病原体对抗生素会产生耐药性,给犊牛肺炎治疗带来不利的影响,犊牛很难治愈,导致病情被延误。

（2）高温日射。炎热夏季,奶牛养殖户都没有重视对牛降温和除湿等工作,很多养殖户也不了解高温会对奶牛的品质和繁殖造成多大的影响。实际高温会严重影响牛奶质量,还会影响奶牛生殖机能,严重时,高温还会使犊牛致死。

犊牛个体小,神经、器官发育并不健全,体温的调节能力上较差。一般犊牛适宜温度是 10~20 ℃,气温超过了 27 ℃,犊牛就会发生热应激反应。热应激反应会使犊牛免疫力下降,出现中暑症状,由于高热而激发成肺炎。很多养殖户都没有做好防暑降温的工作,没有认真观察犊牛,使犊牛得不到有效的治疗,导致犊牛肺炎高发以致死亡。

（3）环境不良。温度过低或者温差过大的环境,都会使犊牛由于冷热交替的原因而发病。尤其在北方地区,气温变化大,冬季的圈舍过于阴冷和潮湿,一般温度在 8 ℃以下,湿度在 75%以上,容易使犊牛患流感,如果没有及时诊治,则会诱发肺炎。犊牛如果淋雨或者被冷风侵袭后,都会使其的抵抗力下降,引发风寒继发肺炎。

（4）多种致病原。犊牛肺炎不是由单一致病原形成的,是由多种致病原所引发,包括病毒、细菌及巴氏杆菌等病原。犊牛由于细菌性感染,也会出现发热而继发肺炎。在实践工作中发现,犊牛腹泻继发肺炎的概率是没有腹泻犊牛的 3 倍。可见,使用单一抗生素是不能将所有致病原消除的,这也使犊牛肺炎不能取得最佳的治疗效果。

87. 如何治疗犊牛肺炎？

答:犊牛肺炎治疗以预防为主,治疗原则是抗菌消炎,控制继发感染,制止渗出和促进炎性产物吸收。在兽医临床上,采用抗生素或磺胺类药物为主,配以强心、补液等措施治疗,病情严重时可以两种同时应用。

病情较轻者可以用青霉素 50 万~100 万 IU、链霉素 100 万 IU,进行肌肉注射,每日 2 次;或用 5%葡萄糖溶液 500 mL,或地塞米松注射液 10~20 mg、维生素 C 2500 mg,进行静脉注射,达到控制炎症发展的作用。

病情较重者可用 10%磺胺嘧啶钠液 20~60 mL、25%葡萄糖注射液 150 mL、10%安钠加 5 mL,混合静脉注射,每日 2 次;或按每千克体重用磺胺二甲基嘧啶 0.1~0.2 mg、维生素 C10 mg、维生素 B30~50 mg 的剂量,混合 5%葡萄糖氯化钠注射液 500~1000 mL,进行静脉注射。随后配合应用磺胺类药物,可有较好效果。亦可选用土霉素或四环素,剂量为每日每千克体重 10~30 mg,溶于 5%葡萄糖溶液 500~1000 mL,分 2 次静脉注射,效果显著。也可静脉注射氢化可的松或地塞米松,降低机体对各种刺激的反应性,控制炎症发展。

88. 炭疽病的病原、流行特点有哪些?

答:炭疽病是由炭疽杆菌引起牛的急性、热性、败血性传染病,临床上主要以突然高热、黏膜发绀和病死牛鼻孔、口腔、肛门等天然孔出血,血液凝固不良,呈煤焦油样,剖检脾脏显著肿大为特征。炭疽病是一种人畜共患的传染病,分布于世界各地,常散发或呈地方性流行,具有重要的公共卫生意义。

(1)病原。由炭疽杆菌引起,本菌是需氧性芽孢杆菌属中的一种长而粗的大杆菌。可形成芽孢,芽孢对外界环境抵抗力很强,在干燥的状态下可存活 32~50 年,150 ℃干热 60 min 方可杀死;菌体对外界理化因素的抵抗力不强,在 60 ℃下加热 30~60 min,75 ℃下 5~15 min 均可死亡。一般浓度的常用消毒药都可在短时间内将其杀死。临床上常用 20%漂白粉、0.1%碘溶液、0.5%过氧乙酸、0.1%升汞溶液作为消毒剂。

(2)流行特点。病牛是主要的传染源,其血液、分泌物、排泄物含有大量炭疽杆菌。主要通过呼吸道、皮肤创伤及昆虫刺咬而感染。本病的发生有明显的季节性,以气温高、雨水多的湿热季节多见。

89. 炭疽病有哪些临床表现症状?

答:牛患炭疽后的临床表现因感染途径、菌体数量和个体抵抗力不同而有所差异。潜伏期由 3 d 至 1~2 周不等,根据临诊症状和病程,一般可分为最急性、急性和亚急性。

①最急性:通常见于暴发开始时,常突然发病,体温升高,行动摇摆,站立不动,也有的突然倒下,呼吸极度困难,口吐白沫,肌肉震颤,不久呈虚脱状,惊厥而死,病程仅为数小时。

②急性:为最常见的一种类型。病牛体温升高显著,精神沉郁,有的病牛起初兴奋不安,鸣叫,甚至冲击人和动物,继而高度沉郁。脉搏、呼吸增加,食欲、反刍减退或废绝,瘤胃常有膨胀,泌乳量下降或泌乳停止。天然孔出血,尤其是粪便常常有血性黏液。呼吸困难,可视黏膜发绀,眼结膜、口腔、鼻腔、肛门和阴道黏膜有针尖至米粒大的出血斑点。有的病牛口腔黏膜出现水疱而溃烂,舌肿大呈蓝紫色且有溃疡,继而流出血样唾液。后期体温下降,痉挛而死。

③亚急性:症状与急性型相似,但病程较长,病情较缓和。常在颈、胸、肋或外阴部出现水肿,局部温度较高、坚硬或呈面团状,水肿部皮肤无变化,或龟裂而渗出柠檬色液体。颈部水肿并常伴有咽炎和喉头水肿,致使呼吸更加困难。

90. 如何有效防治炭疽病?

答:炭疽病是一种烈性传染病,不仅危害家畜,也威胁人类健康。

(1)对发生过炭疽地区的家畜应每年注射一次炭疽芽胞苗。

(2)对疑似病畜的尸体严禁剖开,因炭疽杆菌一暴露于空气中就会形成芽胞,污染的环境会成为多年难以清除的疫源地。

(3)对原因不明而突然死亡的牛不准随便剥皮吃肉,须经确诊后再行处理。一旦确诊为炭疽后,应立即报告,宣布该地为疫区,进行封锁,隔离治疗病畜。死畜的肉、皮、毛、骨等全身组织均有大量炭疽杆菌,能感染人畜,不能利用,须带皮烧毁。烧毁后,应深坑掩埋并覆盖生石灰。病畜的粪便、垫草及污染的草料须一律烧毁。污染的畜舍、场地、用具,用 10% 氢氧化钠热溶液或 20% 漂白粉或 2%~3% 福尔马林溶液(在 40 ℃时)消毒,畜舍 1 h 间隔消毒 3 次,消毒后方能铲除表土,换铺新土后才能再用。污染的衣物用具须经 121 ℃高压消毒 20 min 方能杀死其芽孢,接触人员接受卫生防护。

(4)争取病初治疗。

①注射抗炭疽血清;②青霉素(水剂):大家畜每次注射 120 万~160 万 IU,每天 2~3 次,第一次最好静脉注射,连续使用至痊愈。对接触过病畜的动物可注射长效青霉素,以防发病。

91. 口蹄疫的病原、流行特点有哪些?

答:口蹄疫属一类传染病,俗名"口疮""蹄癀",是由口蹄疫病毒所引起的偶蹄动物的一种急性、热性、高度接触性传染病。主要侵害偶蹄兽,偶见于人和其他动物。其临诊特征为口腔黏膜、蹄部和乳房皮肤发生水疱。

(1)病原。目前已知口蹄疫病毒在全世界有 A、O、C、南非 1、南非 2、南非 3 和亚洲 1 型 7 个主型,以及 65 个以上亚型。O 型口蹄疫为全世界流行最广的一个血清型,我国流行的口蹄疫主要为 O、A、C 三型及 ZB 型(云南保山型)

据观察,一个地区的牛群经过有效的口蹄疫疫苗注射之后,1~2 月内又会流行,往往怀疑是另一型或亚型病毒所致,这是因为该病毒易发生变异。该病毒对外界环境的抵抗力很强,在冰冻情况下,血液及粪便中的病毒可存活 120~170 d。阳光直射下 60 min 即可杀死;加温 85 ℃15 min、煮沸 3 min 即可死亡。对酸碱之作用敏感,故 1%~2%氢氧化钠、30%热草木灰、1%~2%甲醛等都是良好的消毒液。

(2)流行特点。牛尤其是犊牛对口蹄疫病毒最易感,骆驼、绵羊、山羊次之,猪也可感染发病。本病具有流行快、传播广、发病急、危害大等流行病学特点,疫区发病率可达 50%~100%,犊牛死亡率较高,其他则较低。病畜和潜伏期动物是最危险的传染源。病畜的水疱液、乳汁、尿液、口涎、泪液和粪便中均含有病毒。该病入侵途径主要是消化道,也可经呼吸道传染。本病传播虽无明显的季节性,但春秋两季较多,尤其是春季。风和鸟类也是远距离传播的因素之一。

92. 口蹄疫有哪些临床表现症状?

答:潜伏期为 1~7 d,平均为 2~4 d。病牛精神沉郁,闭口,流涎,开口时有吸吮声,体温可升高到 40~41 ℃。发病 1~2 d 后病牛齿龈、舌面、唇内面可见到蚕豆到核桃大的水疱,涎液增多并呈白色泡沫状挂于嘴边。采食及反刍停止。水疱约经 1 昼夜破裂,形成溃疡,这时体温会逐渐降至正常。在口腔发生水疱的同时或稍后,趾间及蹄冠的柔软皮肤上也发生水疱,也会很快破溃,然后逐渐愈合。有时在乳头皮肤上也可见到水疱。

良性口蹄疫一般呈良性经过,经 1 周左右即可自愈;若蹄部有病变则可延至 2~3 周或更久;死亡率为 1%~2%。

恶性口蹄疫病牛在水疱愈合过程中,病情突然恶化,全身衰弱、肌肉发抖、心跳加快、节律不齐、食欲废绝、反刍停止,行走摇摆、站立不稳,往往因心脏停搏而突然死亡,病死亡率高达 25%~50%。犊牛发病时往往看不到特征性水疱,主要表现为出血性胃肠炎和心肌炎,死亡率极高。

93. 如何有效防治口蹄疫?

答:口蹄疫宜采取综合性防治措施。

(1)平时预防。平时要积极预防、加强检疫,常发地区要定期注射口蹄疫疫苗。常用的疫苗有口蹄疫弱毒疫苗、口蹄疫亚单位苗和基因工程苗,牛在注射疫苗后14 d产生免疫力,免疫力可维持4~6个月。

(2)发病处理。一旦发病,则应及时报告疫情,同时在疫区严格实施封锁、隔离、消毒、紧急接种及治疗等综合措施。在紧急情况下,可应用口蹄疫高免血清或康复动物血清进行被动免疫,按每千克体重 0.5~1.0 mL 皮下注射,免疫期约2周。病死牛尸体要无害化处理,工作人员外出要全面消毒,病牛吃剩的草料或饮水,要烧毁或深埋,畜舍及附近用2%苛性钠、二氯异氰酯酸钠(含有效氯≥20%)、1%~2%福尔马林喷洒消毒,以免散毒。对疫区周围牛羊,选用与当地流行的口蹄疫毒型相同的疫苗,进行紧急接种,用量、注射方法及注意事项须严格按疫苗说明书执行。疫区封锁必须在最后1头病畜痊愈、死亡或急宰后14 d,经全面大消毒才能解除。

(3)患畜治疗。病初,即口腔出现水泡前,用血清或耐过的病畜血液治疗。对病畜要加强饲养管理及护理工作,每天要用盐水、硼酸溶液、蹄泰等洗涤口腔及蹄部。要喂以软草、软料或麸皮粥等。口腔有溃疡时,用碘甘油合剂(1:1)每天涂擦3~4次,用大酱或10%食盐水也可。蹄部病变可用消毒液洗净,涂甲紫溶液(紫药水)或碘甘油,并用绷带包裹,不可接触湿地。

94. 布鲁氏菌病的病原、流行特点有哪些?

答:本病是由布鲁氏菌引起的人畜共患的一种慢性传染病。病原菌侵害生殖系统,引发子宫、胎膜、关节、睾丸等炎症,临床上以母牛流产和不孕、公牛睾丸炎和不育以及关节炎等为特征。在家畜中以牛、羊、猪最为常发,而且能传染给人。人感染本病后表现波浪热型、无力、生殖器官病灶、不愿活动,故俗称懒汉病。

(1)病原。引起牛流产的布鲁氏菌为革氏阴性小球杆菌,菌体大小为 0.5~0.71 μm×0.5~1.51 μm,无鞭毛,不运动,不形成芽孢。本病原菌具有较强的侵袭力和扩散力,通过皮肤和黏膜侵入牛机体后,可分布到各个组织中。对外界环境的抵抗力也较强,在肉、乳类食品中可存活 2 个月,在土壤中存活 20~120 d,在流水中可存活 21 d,在牛粪中可存活 120 d。对热敏感,在湿热 60 ℃条件下,15~30 min 即可被杀死。常用的消毒药,如 1%~3%石炭酸液、0.1%升汞液、50%石灰水,以及紫外线照射等,都能很快致死。

布鲁氏菌病原菌对四环素最敏感,对链霉素、土霉素等抗生素也敏感。

(2)流行特点。其易感性随着牛的性器官成熟而增强,犊牛有一定抵抗力。病牛和带菌牛是本病的主要传染源。病母牛流产胎儿、胎衣、羊水及病牛乳汁、阴道分泌物、粪便,以及病公牛精液中含有大量病原菌,污染环境,成为疫源地。

传播途径主要是消化道,其次是生殖系统、呼吸道、皮肤和黏膜等。当牛采食了被病牛污染的饲料、饮水、乳汁,接触了污染的环境、土壤、用具、粪便、分泌物,以及屠宰过程中对废弃物、血水、皮肉等处理不当等,均可造成感染。由公牛与病母牛或病公牛与母牛配种,或在人工助产、输精过程中消毒不严，以及人工输精使生殖道损伤而造成的感染发病尤为常见。发病无季节性。但当牛群拥挤在狭窄的牛舍中，阳光照射不足，通风不畅，寒冷潮湿，卫生条件差，营养不良时，牛机体抵抗力降低，可以构成本病的诱因。

95. 布鲁氏菌病有哪些临床表现症状？

答：潜伏期为 14 d 至 6 个月不等。临床症状不明显，多取隐性经过。最主要的症状是妊娠母牛流产，且多发生在怀孕后 5~8 个月，以产下死胎为主，有时也产下弱犊。病母牛在流产后常有胎衣不下和慢性化脓性子宫内膜炎。病牛有时发生关节炎和滑液囊炎，尤以膝滑液囊炎较为常见。关节肿痛，跛行，长期卧地。病公牛发生睾丸和附睾丸炎。睾丸肿大、化脓，触压疼痛，局部淋巴结肿大，阴茎潮红，间或伴发小结节。精子生成障碍，配种性能明显降低。

96. 如何有效防治布鲁氏菌病？

答：对于布鲁氏菌病的防治应采取综合防治措施。

（1）对流产胎儿、胎衣及其污染的环境、饲料、饮水、用具及病牛分泌物、排泄物、毛皮、乳汁及其制品等，必须进行全面消毒杀菌。对病牛所生的犊牛，应立即与母牛分开，饲喂 3~5d 初乳，转入中间站饲喂，在 5~9 个月内，进行 2 次凝集反应检验，凡阴性反应的，可进行布鲁氏菌 A19 号苗接种后，再归入健康牛群。

（2）患病牛治疗。对母牛子宫内膜炎的治疗，在剥脱停滞的胎衣后，可用温生理盐水反复冲洗子宫，直到流出清朗的冲洗液为止。随后试用链霉素治疗，剂量为 20 mg/kg 体重。盐酸土霉素，剂量为 10 mg/kg 体重，或四环素 10 mg/kg 体重，肌肉注射，连用 2 周以上。

（3）预防。不从疫区购牛；从非疫区购牛时，要隔离检疫，发现病牛坚决淘汰屠宰。引进奶牛时，一定要隔离观察 30 d 以上，并用凝集试验等方法，进行 2 次检疫。对阳性牛迅速隔离，淘汰处理。对临床流产的病牛，应隔离饲养，取流产胎儿真胃内容物做细菌分离、鉴定，阳性牛也必须处理。

（4）健康牛预防接种。牛专用布鲁氏杆菌（A19）号菌疫苗预防接种注射。按每瓶所含菌数用合格生理盐水稀释，每头牛 10 亿活菌剂量，皮下注射；牛在 3~8 月龄时皮下注射一次，在 18~20 月龄（即第一次配种前）时再注射一次，以后可根据牛群布鲁氏杆菌病流行情况，决定是否再注射。牛专用布鲁氏杆菌（A19）号菌苗对牛的免疫期为 6~8 年。

（5）人员防护。对于兽医、饲养人员来说，特别是尸体剖检或难产助产过程中如皮肤有伤口，最好戴胶手套或塑料手套，防止布鲁氏菌入侵体内。疫苗接种做好个人防护，切忌疫苗洒漏。

97. 牛螨虫病的病原、流行特点有哪些？

答：螨虫病又叫疥螨、癞病。由疥螨和痒螨引起。以剧痒、湿疹性皮炎、脱毛和具有高度传染性为特征。牛螨虫病分布遍及我国各地，在冬春季节，凡牛舍阴暗、拥挤、饲养管理差的牛均可发病，尤以犊牛受害最为严重。

（1）病原。

A.疥螨：疥螨寄生于皮肤角化层下，并不断在皮内挖凿隧道，虫体即在隧道内不断发育和繁殖。疥螨的成虫形态特征为虫体小，体呈圆形，长 0.2~0.5 mm，肉眼不易看见。

B.痒螨:寄生在皮肤表面。虫体呈长圆形,较大,长 0.5~0.9 mm,肉眼可见。

(2)流行特点。疥螨寄生于牛的表皮深层,吸食组织和淋巴液。痒螨寄生于牛的皮肤表面,以口器刺吸淋巴液。这两种螨的全部发育过程均在牛体上进行。经过卵、幼虫、若虫、成虫 4 个阶段。各种牛对螨均易感,但犊牛比成牛更易感。感染牛是主要传染源。健康牛接触病牛,或螨虫污染牛舍及运动场中的栏杆、用具、圈舍等而感染。本病在秋冬季节多发。如果牛舍阴暗、潮湿、饲养密度过大,通风不良,饲养管理不善,卫生条件极差,也可促进本病的发生。

98. 牛螨病有哪些临床表现症状?

答:临床上牛的疥螨和痒螨大多呈混合感染。初期多在头、颈部发生不规则丘疹样病变,病牛剧痒,使劲磨蹭患部,使患部落屑、脱毛、光滑,甚至出血,皮肤增厚,失去弹性。鳞屑、污物、被毛和渗出物粘在一起,形成痂垢。病变部逐渐扩大,严重时可蔓延至全身。由于剧痒,病牛长期烦躁不安,影响正常采食和休息,从而使消化吸收功能及营养状况日渐下降而急骤消瘦。如继发感染,则出现体温升高、食欲减退等症状。有的病牛因消瘦和恶病质而死亡。

99. 牛螨虫病应如何进行防治?

答:牛螨虫病应采取平时预防和患病牛治疗相结合的措施进行防治。

(1)预防。牛舍要宽敞,干燥,透光,通风良好,经常清扫,定期消毒。平时留心牛群中有无瘙痒和掉毛的现象发生,一旦发现,迅速隔离。对患病牛及时隔离治疗。治愈牛应继续观察 20 d,如未再发,再一次用杀虫药处理后方可合群。引入牛时,要隔离观察,确认无螨病后再并入牛群中。饲养管理人员要注意消毒,防止通过人的手、衣服及用具等传染散布虫体和虫卵。

(2)患病牛临床上采取局部涂药疗法和驱虫药物治疗。

涂药疗法:用药前剪去患部被毛,用温肥皂水或温碱水洗掉患部的污物、痂皮和皮屑,晾干后涂药或喷药。若患部面积较大,必须分片治疗,以防中毒。局部剪毛清洗后用螨净 0.5%溶液涂擦患部或喷洒。

驱虫药物治疗:伊维菌素每千克体重 200 μg 皮下注射,严重病例间隔 7~10 d 重复用药 1 次。

100. 什么是应激? 应激有哪些危害?

答:应激是指动物受到各种因子的强烈刺激或长期作用,处于紧张状态时发生的,以交感神经过度兴奋和肾上腺皮质功能异常增强为主要特征的一系列神经内分泌反应。引起应激反应的刺激因素称为应激原,如惊吓、捕捉、运输,过冷、过热,拥挤、混群,缺氧、感染,营养缺乏、缺水、断料,注射疫苗、去势,改变饲喂方法、更换饲料、环境、饲养员,高产过劳,疼痛,中毒等。

应激对动物的主要危害:①细胞免疫功能降低;②单核细胞、巨噬细胞吞噬功能下降;③免疫应答差;④细胞缺氧死亡;⑤胃肠瘀血、水肿、出血、胃溃疡;⑥胃肠道菌群失调;⑦蛋白质分解代谢增强;⑧生产力下降,饲料利用率降低。⑨容易感染疾病。⑩严重的应激会引起动物的猝死。

犊牛培育三字经

犊牛期,重饲管;打基础,勿忽视;
三分养,七分管;把三关,是保障。

初生后,要隔离;单圈养,成活高;
通风好,光线足;圈舍小,便消毒。
落下地,快护理;清黏液,防肺炎;
擦被毛,保体温;断脐带,严消毒。
断脐后,防脐炎;难产时,防窒息;
急救时,要倒立,压心脏,注药物;
首称重,次照相;建档案,要真实。
喂初乳,要吃早;出生后,一小时;
初喂量,一公斤;当天量,二公斤;

三天后,日三次;每天量,按体重。
新生牛,防五病;头两周,防腹泻;
出生后,防便秘;发热时,防肺炎;
十天内,要调教;学吃奶,勤刷拭;
常靠近,感情好;精心养,耐心调。

两周内,要去角;身体小,易保定;
痛苦小,效果好;操作时,防雨淋。
三周后,补草料,要柔软,要干净。
副乳头,要切除,一月内,按时剪。
严消毒,防感染;辨不清,往后推。
三月龄,打疫苗;防疫病,是根本;
饲养关,做四定;断奶关,查四点。

看食槽,查粪便;望食欲,视肚腹;
早开食,应重视;奶和料,分开喂。
水和奶,要分开;先喂奶,后饮水;
喂奶时,勿加水;加了水,会得病。
吃奶时,宜放慢;应吸奶,要训练;
补给水,次数多,量要少,防中毒。
断奶时,连三天;干物质,过二斤;
早断奶,节成本;哺乳量,一千斤。
犊牛经,要牢记;养牛人,离不了。